大是文化

世界のビジネスエリートが身につける 教養としてのワイン

商業人士必備的紅酒素養

新手入門、品賞、佐餐，商業收藏、投資，請客送禮……從酒標到酒杯，懂這些就夠

紐約佳士得首位亞裔葡萄酒專家、施氏佳釀的日本代表
渡辺順子——著
黃雅慧——譯

世界葡萄酒產地的基礎知識
※法國與義大利產區請參閱後頁

加州

與法國或義大利並駕齊驅的高級葡萄酒產地。從法國知名酒莊在加州推出的第一樂章、多明納斯，到嘯鷹酒莊與哈蘭酒莊的膜拜酒等皆舉世聞名。

日本

地理環境適合釀造葡萄酒。其中又以甲州最為有名。

智利

經濟實惠又美味的代名詞。其中又以大眾熟悉的腳踏車標誌的鑑賞家最為有名。近年來，法國酒莊也看好這片土地而進駐。

阿根廷

門多薩雖可釀造所有品種。但仍以馬爾貝克為主。

紐西蘭

世上最受矚目的白葡萄酒產地。此外，紅葡萄酒也是黑皮諾品種的知名產區。

西班牙

以加烈葡萄酒的雪莉酒或氣泡酒聞名。此外，尤尼科、帝曼希亞或至尊特級陳釀等都是風評極佳的葡萄酒。

德國

以麗絲玲品種為主。世界最北的葡萄酒產地。陰涼的氣候與土壤釀造出乾型白葡萄酒。冰凍葡萄所釀造的冰酒也是當地特產。

中國

影響亞洲葡萄酒市場的存在。LVMH 集團所主導的敖雲更是話題所在。

葡萄牙

以英國市場為出口大宗。其中更以波特酒、馬德拉酒等加烈葡萄酒聞名世界。

澳洲

以希哈品種為主。中國人喜愛的奔富酒莊或國際聞名輕飲型的「黃尾袋鼠」皆出於此處。

世界葡萄酒產地的基礎知識

法國與義大利

布根地

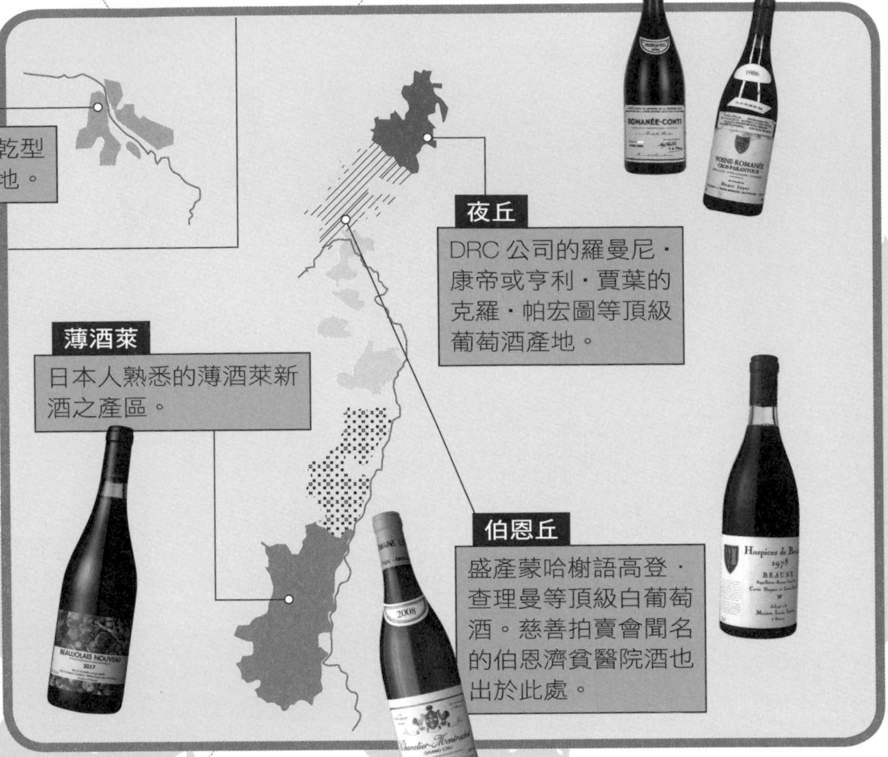

夏布利

世界知名之乾型白葡萄酒產地。

夜丘

DRC 公司的羅曼尼・康帝或亨利・賈葉的克羅・帕宏圖等頂級葡萄酒產地。

薄酒萊

日本人熟悉的薄酒萊新酒之產區。

伯恩丘

盛產蒙哈榭語高登・查理曼等頂級白葡萄酒。慈善拍賣會聞名的伯恩濟貧醫院酒也出於此處。

義大利

義大利

皮蒙特

義大利高級葡萄酒產地。其中又以巴羅洛與巴巴瑞斯科最為有名。世界知名的 GAJA 也位於此處。

威尼特

以氣泡酒的普羅賽克、加爾達湖的索亞維與頂級紅葡萄酒的阿瑪羅內聞名。

托斯卡尼

以生產奇揚地、經典奇揚地與 蒙塔奇諾・布魯內洛聞名。近年來，不拘泥於義大利葡萄酒法的「超級托斯卡尼」更受世界矚目。

倫巴底

盛產與香檳匹敵的氣泡酒「法蘭契柯達」。

香檳區
盛產香檳。透過詳細的規定維護品牌與品質。
阿爾薩斯
受隔壁德國的影響，90%以白葡萄酒為主。
羅亞爾河
迪迪耶·達格瑙與奧利維耶一谷桑等創新型酒廠輩出。
法國
隆河區
以長期熟成、適合投資的葡萄酒為主。
隆格多克 · 胡西雍
風土條件佳，美國企業關注的產區。
普羅旺斯
以粉紅葡萄酒聞名。
波爾多
梅多克
波爾多五大酒莊中的拉菲、瑪歌、拉圖與木桐皆位於此處。
波美侯
波爾多數一數二的高級葡萄酒廠彼得綠堡與樂邦位於此處。
聖愛美濃
風景優美，榮登世界遺產，以白馬酒莊與歐頌酒莊聞名。
格拉夫
五大酒莊中，歐布里雍堡之所在地。世界罕見紅白葡萄酒之高級產區。
索甸
貴腐酒之知名產區，其中又以伊更堡最為有名。

CONTENTS

CONTENTS

第二部

產量高居世界第一——義大利美酒，自己人喝最多

第四章——

入門者的首選，搭配料理更美味　119

CONTENTS

CONTENTS

推薦序

葡萄酒總有那麼一個味道，讓人覺得遇到生命中的知己

《兩酒之間》版主／Luke

某天晚上，我一如往常的進行例行作業——睡前飲一杯酒。這時我收到大是文化的推薦邀請，這個酒海人生的初體驗，讓我的心情也比平常更加興奮。沒想到有此榮幸將本書推薦給廣大已入坑、未入坑和正在入坑路上的酒迷們……一想到這裡，我忍不住又多倒了一杯酒來壓壓驚，還把睡到流口水的妻子挖起床，以確認這應該不是新型詐騙，也不是酒精的催化作用？得到妻子冷淡的回應後，讓我確信自己不是在作夢，能與廣大讀者分享葡萄酒之美好的喜悅心情頓時爆炸！

本書的作者渡辺順子於一九九〇年留美時，遇到人生第一瓶頂級葡萄酒，就此踏入

葡萄酒的世界。深入酒海的經驗總是相似，總有那麼一個味道、那麼一個瞬間，讓人覺得終於遇到生命中的知己；而這本書可就是這段相似相識的媒介，翻開來，便能遇見美好的事物。

對於歐美人士來說，葡萄酒的知識與文化或許已是稀鬆平常，然而對臺灣，或整個亞洲來說，葡萄酒素養才正起步而已。隨著貿易全球化，多了各種以葡萄酒為主的交際應酬場合。葡萄酒不再是印象中那麼高高在上、遙不可及，現在在各大賣場也買得到，而酒類銷售通路更是本著「荷包在手，世界我有」的精神，推廣來自大江南北、世界各地的酒款。

不論是應酬交際或是送禮自用，本書能幫助讀者迅速了解基本知識，包含產區歷史、葡萄品種、品飲技巧、商業禮儀……等，相信比起不斷繳學費摸索或是道聽塗說來的資訊好用太多了。入坑好一陣的朋友，也有好多寶藏可以挖掘，像是書中介紹了四十款以上的名莊、名家之作（還附了精美彩圖），讓我們在品飲葡萄酒的路上有著指標性的代表作可以追尋！

再來則是資深酒友也會感興趣的葡萄酒投資。本書作者曾任職於拍賣公司「佳士得」葡萄酒部門，她身為首位亞裔葡萄酒專家，絕對有資格給予建議，讓有興趣的讀者把握最美味的投資！

全本共三部八章的篇幅，不管想怎麼看都很方便，即使任意翻閱一個篇章也是收穫良多，願此書帶領我們在浩瀚的酒海中相遇。

（本文作者 Luke，為私人酒類諮詢、選酒推薦顧問。擁有英國 WSET L2 烈酒與葡萄酒雙品酒證照。後成為粉絲專頁「兩酒之間」版主，致力於分享葡萄酒以及威士忌的美好。）

前言
世界精英的共通語言：葡萄酒

二〇〇六年，日本前首相小泉經幾番周折後，終於如願訪美。同時，在國際媒體面前展現他與美國當時的總統小布希親密的互動。小泉首相是貓王艾維斯・普里斯萊（Elvis Aron Presley）的忠實粉絲。但讓我印象深刻的是，當小布希總統招待小泉前往貓王位於田納西州的豪宅時，《華盛頓時報》極盡能事的諷刺喜不自禁的小泉，與一旁不知如何是好的布希。

就在小泉參訪貓王豪宅的前一天，白宮舉辦一個國宴。宴會中提供的是飛馬酒莊（Clos Pegase）的白葡萄酒「Mitsuko's Vineyard」。飛馬酒莊是一九八四年設立於美國加州納帕谷（Napa Valley）的葡萄酒廠。國宴上所提供的白葡萄酒「Mitsuko」，其實是酒莊主人日籍夫人的芳名。先不論這個葡萄酒的味道如何，單單從酒名就足以看出白宮的用心。這個細節也讓小泉首相倍感溫馨。

然而，對於這個美日的蜜月期，網路上也有人吐槽：「小泉就是個路人甲。如果真的那麼重要的話，就該喝『瑪雅』（Maya）啊！」

瑪雅是達拉‧瓦勒酒莊（Dalla Valle Vineyard）出產的葡萄酒，莊主是一位日本女性。瑪雅是該酒莊的招牌，嚴選頂級的葡萄所釀造而成。瑪雅不僅是拍賣會中的人氣酒款，甚至榮獲葡萄酒評論家羅伯特‧派克（Robert M. Parker）百分滿點的評比，被視為頂級葡萄酒之一。

或許因為預算有限，所以當天的國宴請不起瑪雅。但話說回來，後來小布希總統在與法國總理薩柯吉（Nicolas Sarközy）的晚宴上，喝的卻是可與瑪雅匹敵的多明納斯（Dominus）。多明納斯是法國頂級酒莊之一的彼得綠堡（Chateau Petrus）在加州納帕谷所釀造的高級葡萄酒。於是便有人議論：「真的要展現美日的良好關係，就不應該選擇飛馬酒莊，而是達拉‧瓦勒酒莊才對啊。」

二〇一四年法國總統歐蘭德（Nicolas Hollande）訪美時的國宴酒單，也曾是社會大眾討論的話題。晚宴上提供的維吉尼亞州氣泡酒，當時的名氣並不高。當法國人知道美國竟然給他們的總統喝這種沒沒無聞的葡萄酒時，舉國上下一片譁然。

當時的八卦雜誌正沸沸揚揚的報導歐蘭德與女明星的緋聞，當天的晚宴他在夫人的缺席下，形單影隻的赴宴。但即使如此，也沒有像葡萄酒般引起社會大眾的關心。讓人不禁感嘆葡萄酒在法國人心目中的地位。

我曾為高盛舉辦葡萄酒講座

我在美國紐約佳士得（Christie's）拍賣公司的葡萄酒部門，做了十幾年的專員，接觸過不少企業老闆與富豪，因此深切體認葡萄酒已經成為歐美社會中根深柢固的文化。葡萄酒就如同美術或文學一般，是日常生活中教養的一環。下從學校，上至商業場合等，各行各業都重視葡萄酒的教育。

當然這個現象不僅限於葡萄酒傳統大國法國或義大利。連英國鼎鼎大名的劍橋與牛津大學，也有舉辦超過六十年的盲品對抗賽（Blind Tasting）。那些躍躍欲試的學生平時就接觸葡萄酒，記住不同的酒味與香氣，學習葡萄園與年分（vintage，指採收葡萄的年分）所產生的微妙差異。

例如那些在瑞士寄宿學校（全天候寄宿制）的十六歲（瑞士的飲酒法定年齡）女孩，對葡萄品種的特色與釀酒師的風格瞭若指掌。因葡萄酒列為必修課程，她們從十幾歲就開始接觸葡萄酒。即使中午聚餐，她們也習慣配合菜色。選擇自己喜歡的葡萄酒。

以美國而言，商業界的精英也興起一股學習葡萄酒的熱潮。對於這些活躍於國際的精英而言，葡萄酒不單單是「酒」，也是周旋世界各國必備的社交禮儀。

特別是在國際色彩豐富、各國人物匯聚的紐約，宴會招待的客戶並不僅限於白人。

近年來，亞洲或印度人也成為主要商談對象。因此，宴客時如何配合客人的身分背景提供合適的葡萄酒，需要相當的技巧。

話說回來，如果能夠聰明且精準的選對葡萄酒，反而有助於推廣業務。而且，如果客人對主人用心選擇的葡萄酒能適時拋出一些感想的話，就能縮短雙方的距離，鞏固事業情誼。所以說，葡萄酒的相關知識是商業精英推廣業務的重要工具，也是**讓文化水準現形**的「照妖鏡」。

我在紐約的佳士得服務的時候，曾為高盛（Goldman Sachs）公司辦過內部的葡萄酒研討會。當時，我先從「頂級葡萄酒」說起。為了讓這些來自倫敦與歐洲、對葡萄酒並不陌生的精英們卸下心防，首先要讓他們知道什麼是「一流的葡萄酒」。於是，我透過試飲，讓他們體驗波爾多（Bordeaux）、布根地（Bourgogne）或納帕谷等一流產地與酒莊所釀造的葡萄酒有什麼不同。

此外，除了葡萄酒的種類或產地等常識以外，研討會中還穿插一些葡萄酒的趣聞與小知識等，宴會中派得上用場的談話材料。

研討會最後一日，某位員工說：「我覺得頂尖的業務雖然需要左腦發揮商業手腕，但也需要右腦展現葡萄酒的感性。」這句話總結了整個研討會，讓我至今難忘。

最強的商業破冰潤滑劑

當我們將葡萄酒視為一種素養時，就需要方方面面、綜合性的學習。橫向而言，葡萄酒的知識涵蓋地理、歷史、語言、化學、文化、宗教、藝術、經濟與投資等領域。因此，藉由葡萄酒可以獲得豐富的國際常識。而這些知識將是溝通時強而有力的武器。

特別對於歐美而言，這些知識最派得上用場。因為人種的多樣化，除了政治與宗教以外，想法也會因民族性而不同。因此，任何與時事有關的話題都不宜輕易碰觸。而與業務相關的也可能牽涉內部交易，所以也不適合談論。

所以，大家為了明哲保身，只好說一些體育、音樂、電影或葡萄酒等相關話題了。對於習慣喝葡萄酒的歐美人士而言，只要是主管階層談到葡萄酒，都能侃侃而談，幾乎超乎我們想像。

有關此點，外派的日本人特別感同身受，因此才會有志一同的學習葡萄酒。我曾經在紐約的某家高級餐廳，親眼目睹某韓國電子大廠五、六個員工暢飲葡萄酒的盛況。侍酒師跟我說：「他們是店裡的常客，除了用餐以外，也很積極的學習怎麼喝葡萄酒。」由此可見，這些亞洲精英相當清楚，想在美國拓展人脈，葡萄酒是必備的素養。

除此之外，透過心得分享更能顯現葡萄酒的存在價值。當一群好友分享一瓶葡萄酒，並抒發感想時，就能拉近彼此的距離。如「下次來喝那一種葡萄酒」，或「我朋友也喜歡喝葡萄酒，改天介紹你們認識」，藉此拓展交友圈。即使語言不通，葡萄酒也能作為共通語言。事實上，葡萄酒不同於其他酒品，具有一種凝聚的神奇魅力。

我就是透過葡萄酒成功拓展商機與人脈。例如與知名的葡萄酒收藏家麥可・洛克斐勒（Michael Clark Rockefeller）或與財經雜誌《富比士》（*Forbes*）的老闆史蒂夫・富比士（Steve Forbes）一同參加品酒會。這些對我們小老百姓而言，如在雲端般的人物，只要透過葡萄酒便能圍坐一起，打破國籍或社會地位的藩籬，分享共同的興趣。

如上所述，葡萄酒扮演商業的潤滑劑，且具有拓展人脈的功能。目前日本商業界的精英因為察覺到這個事實，而紛紛學習如何喝葡萄酒。

如果各位讀者與這些精英同桌時，能對餐桌上的葡萄酒適時發表一些得體的意見，或者由你負責挑選的葡萄酒都能讓大家滿意的話，我想一定能夠增進彼此的關係。

本書深入淺出的為葡萄酒入門者，講解這個**國際公認的最強商業工具**。書中除了葡萄酒的基礎知識以外，還穿插不少歷史、趣聞或小知識等基本的葡萄酒素養。我相信只要讀完本書，定能具備商業人士最基本的葡萄酒知識。期望本書能幫助各位讀者透過葡萄酒練就一身好本事，有助於開拓國內外的交流，讓事業蒸蒸日上。

第一部

葡萄酒傳統大國——法國

第一章

波爾多，高級的同義字，用「箱」來囤貨也值得

說起來，葡萄酒的歷史其實相當久遠，傳聞早在六、七千年以前就存在，但發祥地卻尚無定論。有人說早在美索不達米亞時代，也就是現今的伊拉克附近，蘇美人就懂得釀製葡萄酒了。但在東歐國家喬治亞附近也發現史上最古老的葡萄園。因此，葡萄酒到底是什麼時候開始的，現在仍然眾說紛紜。

但不論如何，考古學家在西元前五千年的古蹟中，發現疑似釀造葡萄酒用的石臼與酒壺，與當時人們飲酒作樂的形跡。由此可見，葡萄酒確實對於人類文明有舉足輕重的貢獻。

西元前三千年，葡萄酒傳到了埃及。當時的百姓將它當水喝，但對於埃及豔后克麗奧佩脫拉（Cleopatra）等貴族而言，卻是養顏護膚的聖品。另外，在金字塔的壁畫中也看得到葡萄酒的壓榨機或酒壺等（見圖1-1）。可見當時葡萄酒已深入埃及人的日常生活，成為不可或缺的飲料。

當葡萄酒傳到希臘以後，開始大量生產，同時在整個地中海開花結果。這一段歷史因緣讓不少希臘人深信：「葡萄酒的根基就是我們老祖宗的功勞。」

為什麼法國能成為葡萄酒龍頭？

話說回來，號稱葡萄酒大國的法國，初次接觸葡萄酒的契機，要從羅馬帝國說起。在背後推波助瀾的，是當時的羅馬政治家、軍人出身的尤利烏斯・凱撒（Julius Caesar）。

凱撒為了擴充羅馬帝國的實力，雄霸歐洲，於是利用葡萄不挑土壤、且容易栽培的特性，隨著遠征到處種植葡萄。同時，教導當地居民如何釀造葡萄酒。此外，葡萄酒對於當時前線吃緊的年代而言，葡萄

圖 1-1　西元前 1500 年的埃及壁畫。上方是葡萄收成，中間是釀酒製程與酒壺等。

酒是軍隊最佳的營養補品。所以，我認為法國的布根地、香檳區（Champagne）、隆河區（Rhone）或南法等羅馬大軍所經之地，之所以成為葡萄酒產地絕非偶然。

後來，葡萄酒的存在價值因為基督教的興起，而有巨大的轉變。例如耶穌基督在最後的晚餐中，對弟子說過這樣的名言：「這（葡萄酒）就是我的血。」因此，葡萄酒不再只是葡萄釀造出來的酒品，更象徵一種神聖、尊貴聖潔的地位。

在基督教的積極傳教下，沒多久葡萄酒便遍布全歐洲。之後，基督教的勢力日漸茁壯，在各地興建教堂。加上葡萄酒被視為耶穌的分身，是彌撒禮拜時必備之物，因此，教會或修道院便開始自己釀製葡萄酒。這足以說明，為什麼在天主教聖地梵蒂岡，平均每人葡萄酒消費量高居世界之冠。

當歐洲進入文藝復興與宗教改革時期，葡萄酒的需求量越來越大。

此時，在釀好的酒中帶有些氣泡一事開始被慢慢接受，甚至廣受好評。後來更發展出高級香檳「唐・培里儂」（Dom Pérignon，俗稱香檳王）。氣泡酒的熱賣讓修道院與教會的經營不再那麼拮据；更因此孕育出不少宗教藝術。基督教的信徒如雨後春筍般越來越多，進而提高了葡萄酒的需求。

在進入十八世紀以後，葡萄酒因成為歐洲各王公貴族的嗜好，而有進一步的發展。不管是皇帝還是貴族，都將高級葡萄酒視為一種時尚。於是，葡萄酒便成為華麗宮廷文化的裝飾品。

法國的王公貴族更是利用葡萄酒刷存在感。如同那些誇張的服飾與髮型一般，連葡萄酒也一定要比別人高級。當時，美國駐法大使湯瑪斯・傑佛遜（Thomas Jefferson）是葡萄酒的忠實粉絲。聽說他最愛的「拉菲」（Lafite）與「伊更堡」（d'Yquem）常被凡爾賽宮搜刮一空而買不到。

過去習慣用陶罐之類的容器儲存葡萄酒，此時已經研發出橡木塞，讓葡萄酒在瓶裡熟成。於是，葡萄酒逐漸成為一種資產，激發上流社會的擁有與收藏。

品牌守護者「AOC制度」

葡萄酒在這樣的歷史背景下，需求量逐漸增加，也帶動法國葡萄酒產業大幅成長。葡萄酒目前已成為法國在國際間所向披靡的一大產業。

然而，同樣在歐洲遍地開花的葡萄酒，為什麼獨獨在法國如此蓬勃發展呢？其中，雖然有各種歷史背景與地理條件等複雜的理由，不過，最重要的還是法國政府透過法律，明文規定葡萄酒的品質與品牌。

法國作為葡萄酒的產業大國，利用法律嚴格管控酒的品質。例如一九〇五年制定

「產區標示不當取締法」，一九三五年則制定「法定產區管制」（Appellation d'Origine Contrôlée，簡稱AOC）以保護葡萄產區的品牌。該法詳細規定與產區相關的各種條件。例如可用的葡萄品種、最低酒精濃度、葡萄的種植、篩選、收成量、葡萄酒的釀造方法或熟成條件等。

經過AOC認證的產區不得因為氣候的變化進行人為加工，即使碰到旱季，也不可以引水灌溉。如此一來，每年的氣候便能夠直接反映葡萄酒的品質。

在法國政府嚴格把關之下，葡萄酒的品質與該產區的個性都得以維持。因此，才能守護住法國葡萄酒響叮噹的品牌。凡是經過認證的葡萄酒都可以在酒瓶上標示AOC，成為政府保證的優質葡萄酒。

接下來，讓我們來看一看AOC標示都寫些什麼。

通過AOC認證的葡萄酒雖然會在標籤上註明，但卻不是簡單的「AOC」三個大字而已。我們看到的是「Appellation ○○ Contrôlée」，其中的○○就是產區。

例如，有AOC認證、且符合波爾多地區規定的葡萄酒，會標示成「Appellation Bordeaux Contrôlée」（見圖1-2）。而符合波爾多梅多克（Médoc）產區規定者，則標記「Appellation Médoc Contrôlée」。基本上，**產區的範圍越狹窄，規定就越嚴格，葡萄酒的等級就相對提高。**

圖 1-2　AOC 標示的法國葡萄酒，以此圖為例，在 BORDEAUX 下方，可以看到 Appellation Bordeaux Contrôlée。©Groupe Castel

此外，AOC標示的除了產區以外，也可以是範圍更小的村莊或者葡萄園，這類AOC認證標準會比產區更嚴格，因此出產的葡萄酒更頂級。

從二〇〇八年開始，因為歐洲修訂葡萄酒法，有些葡萄酒改為「歐洲原產地命名保護」（Appellation d'origine Protégée，簡稱為AOP），標示成「Appellation ○○ Protégée」。不論是前者或後者，只要酒瓶上有這兩種標記，都可以視為品質保證，表示你手上的這瓶葡萄酒符合該產區、村莊或葡萄園的規定。

此外，有一些葡萄酒的標示與AOC法沒有關係，而是寫著「VIEILLE VIGNE」（老藤葡萄酒）。這是指「老樹製造的葡萄酒」。

就葡萄酒而言，因為老樹比新樹來得珍貴，因此才會有這種標示方法。不過話說回來，「VIEILLE VIGNE」充其量也只是一種參考；因為法律並沒有明文規定幾年以上的葡萄樹可以如此標示。

就舉最近流行的「有機葡萄酒」（bio wine）來說，有些法國的有機葡萄酒會在標籤上註明「AB」（Agriculture Biologique）字樣。因此不難分辨。

只要來歷清楚，不怕沒有買家

法國身為高級葡萄酒大國，全國各地都有知名的葡萄酒產地。例如波爾多、布根地、香檳區、羅亞爾河（Loire）、阿爾薩斯（Alsace）或隆河區等（見左頁圖）。

其中，一說到法國的葡萄酒，大家第一個想到的就是波爾多。我猜連平時不太喝葡萄酒的人也一定聽過波爾多的大名。

波爾多位於法國西南方，是頂級葡萄酒的釀酒地。不僅是日本，世界各國對於這個品牌的認知，就是一提到波爾多，就會聯想到高級紅酒。

事實上，目前國際上主要拍賣會所推出的葡萄酒，超過七〇%都是來自波爾多的紅葡萄酒。波爾多一眼望去盡是葡萄園，因為產量豐盛，因此成為拍賣會的常客。在拍賣會中，我們常會看到鎖定波爾多葡萄酒的收藏家，火眼金睛的盯著自己的獵物，相互喊價的盛況。

■ 法國知名葡萄產地的位置

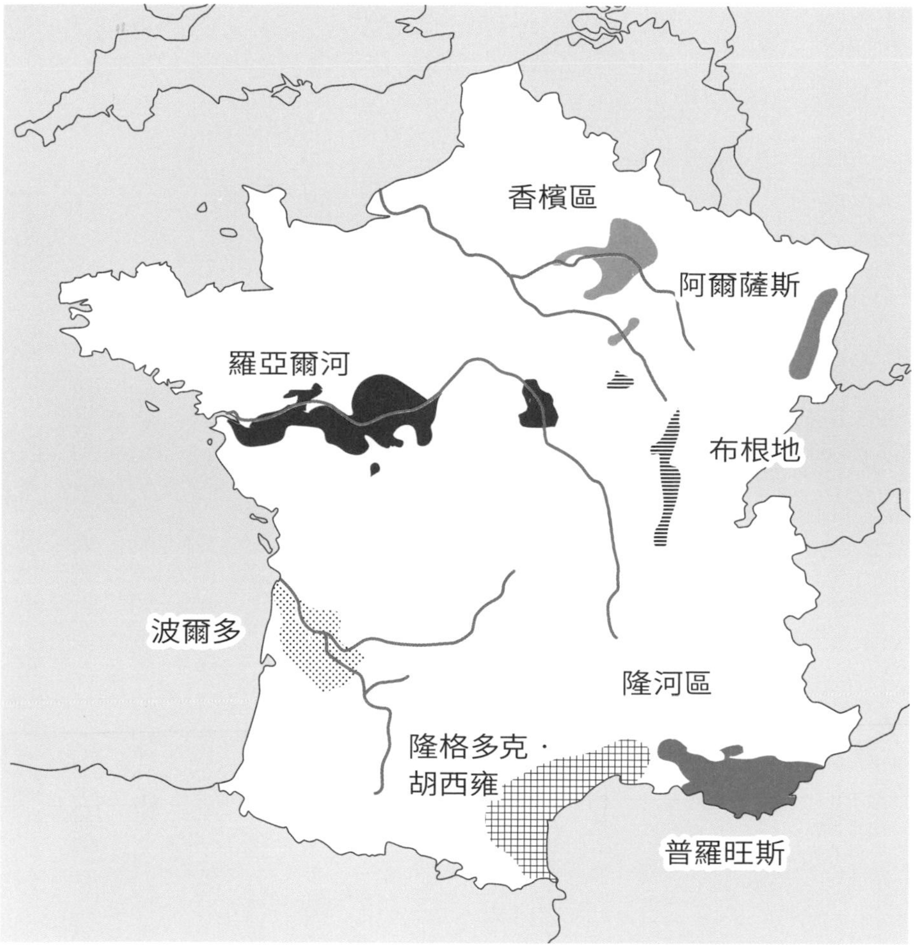

一九九〇年代中期的美國掀起一股葡萄酒風潮，當時拍賣會中的葡萄酒，總是不斷的更新世界成交紀錄。波爾多的葡萄酒只要來歷清楚，就不怕沒有買家。因此，投資家都願意以箱為單位的囤貨，這也是波爾多葡萄酒的特色之一。

波爾多葡萄酒的興起可以遠溯至羅馬帝國時代。葡萄酒雖然是在羅馬帝國時代傳到法國，但這卻是因為羅馬軍隊攻打波爾多時，為了確保食糧而在當地大量種植葡萄。

波爾多的土壤屬於貧脊的砂礫土，排水性佳，適合種植葡萄。而且就氣候或日照而言，也是有利於葡萄生長的環境。

除此之外，波爾多因為有加龍河（Garonne）流貫其中，更方便葡萄酒的輸送。當時，釀造葡萄酒的必要條件是土壤、氣候與運輸的便利性。波爾多剛好具備所有條件。順便一提，加龍河說是一條河，其實河面寬廣，水也夠深，可以提供大船行駛。

一一五二年，當時掌管波爾多的阿基坦公爵（duc d'Aquitaine），將女兒艾莉諾（Eleanor）嫁給建立英格蘭王朝的亨利二世。波爾多葡萄酒便因此傳到英國。在英國皇室的推廣下，英國對於高級葡萄酒的需求也日漸增加。後來，波爾多逐漸發展成一個完備葡萄酒釀造地，並在河邊建造造酒廠或倉庫等，方便葡萄酒的裝船運貨。

這些努力讓波爾多解決其他產區頭痛的運輸問題，成功降低葡萄酒在移動中的劣化與氧化風險。於是，成千上萬的波爾多葡萄酒，便源源不絕的運往習慣飲酒的英國，不但振興了波爾多的經濟，更促進當地的釀酒事業蓬勃發展。

之後，波爾多葡萄酒出口至北歐與俄羅斯，同時受到北歐皇室與俄國沙皇的愛戴，從此名氣遠播。

法國最受歡迎的酒，荷蘭商人功勞最大

波爾多葡萄酒會如此受歡迎，居中牽線的荷蘭商人功不可沒。當時荷蘭商人成立東印度公司，貿易範圍遠達亞洲。因此，他們大量採購葡萄酒，積極行銷到世界各國。

除此之外，他們也轉移排水技術，將原本沼澤一片的波爾多改造成葡萄園。如今波爾多能夠大量種植葡萄，甚至釀造葡萄酒，可說全都是荷蘭商人的功勞。如果不是他們幫忙開拓葡萄園的面積，就不可能有今天的規模。

波爾多在提高葡萄產能與葡萄酒的銷售量後，沒多久便發展成大城市。於是，富裕的貴族們逐漸往波爾多聚集，各種葡萄酒業務也應運而生。當因葡萄酒致富的酒莊（釀酒師）與商人開始加入上流社會後，波爾多的地方文化也因此有了不同的風貌。

一般而言，雖然同樣是波爾多的葡萄酒，但各個酒莊為了配合王公貴族的嚴格要求，大都透過建立品牌以堅守客源。

漸漸的，當各國的王公貴族表示，如果不是某個高級酒莊的葡萄酒就不買時，酒莊就將行銷事宜委外處理，以便拉抬自家葡萄酒的價格。於是專門負責買賣的葡萄酒商（négociant）就這麼誕生了。

各個酒莊與酒商簽訂獨家代理（exclusive），酒莊釀造的葡萄酒全部委託這些酒商代為銷售。

只要與熱門或中等酒莊簽約的酒商或經紀商，不管是出口或銷售都生意興隆。葡萄酒商幫忙酒莊找行銷管道，經紀人則是酒莊與酒商間的聯絡橋梁。

當時的酒商負責酒莊的行銷與市調等所有業務流程。他們將酒莊的葡萄酒視為一個品牌，從裝瓶、標籤、運輸調度，乃至於客戶需求都一手包辦。當時的酒商比較強勢，有些人還選擇知名的品牌，在酒瓶貼上自家標籤，當作獨家授權的標誌。

目前波爾多有七千五百多家酒莊、四百家葡萄酒商、一百三十家經紀商。即便是現今波爾多的葡萄酒，也委由這些酒商依照分配量，分發到各自的行銷通路。在這樣的系統下，由酒商負責管理葡萄酒，同時行銷全世界（見左頁流程圖）。

波爾多透過與葡萄酒密切的配合，發揮得天獨厚的地理條件，因此才能讓葡萄酒的出口蓬勃發展。

■波爾多葡萄酒的行銷通路

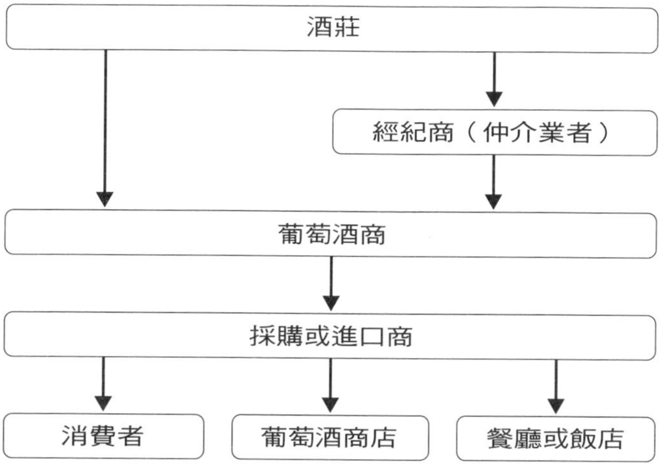

拿破崙三世與五大酒莊

十九世紀中期的一件歷史性創舉讓波爾多的葡萄酒一舉成名。那就是「列級酒莊分級制度」。該制度就是梅多克地區的酒莊評比制度，該評比分為一到五個等級，鑑定各個酒莊的葡萄酒品質。

梅多克位於波爾多市以北，稱得上法國高級葡萄酒產地之一。換句話說，**現今的波爾多是依照產區評定葡萄酒的優劣**。

梅多克地區分為梅多克與上梅多克（Haut Médoc），不過一般習慣統稱為梅多克。例如酒瓶標籤上的AOC，經常出現的瑪歌（Margaux）、聖朱利安（St Julien）、波雅克（Pauillac）等市鎮（commune，法國最基層的行政區劃）都是在這個區域。

列級酒莊分級制度開始於一八五五年的巴黎萬國博覽會。這是當時的法國皇帝拿破崙三世為了世界各國蜂擁的人潮，所做的一種宣傳手法。他特地選擇梅多克地區訂定波爾多葡萄酒的等級。等級的評比標準除了葡萄酒的品質以外，酒莊的規模與銷售量也是評估項目之一。

在七百到一千個入選的名單中，有幸獲選為一級酒莊的，包含拉菲酒莊（Château Lafite-Rothschild）、瑪歌酒莊、拉圖酒莊（Château Latour）與歐布里雍堡（Château Haut-Brion）等四家。

在法國，拉菲酒莊是歷史悠久的酒莊之一。遠在一六七〇年代便從事葡萄種植與釀酒事業。因此，自古以來就有不少歷史名人是拉菲的粉絲。

例如，路易十五的寵妾龐巴度夫人（Madame de Pompadour）在宮廷下令禁止飲用布根地的葡萄酒時，拉菲酒莊的葡萄酒（見圖 1-3）便成為凡爾賽宮的

圖 1-3　拉菲酒莊的葡萄酒在 18 世紀成為凡爾賽宮的回春聖品。

回春聖品，讓人氣一下子破表。

除此之外，美國第三位總統湯瑪斯・傑佛遜也是眾所周知的拉菲愛好者。二十世紀後期，當他收藏的一七八七年產的拉菲葡萄酒被發現以後，還因為真假疑雲而轟動一時。這個事件引起好萊塢巨星威爾・史密斯（Will Smith）的興趣而買下電影版權，聽說預計由布萊德・彼特（Brad Pitt）主演。但其中一位假酒案受害的美國富豪為了面子，於是花錢買斷，讓這部電影永遠不見天日。

圖 1-4　瑪歌酒莊的葡萄酒深受英格蘭國王賞識。

瑪歌酒莊也是不少偉人的最愛。早在阿基坦（Aquitaine，即現今波爾多附近）還是英格蘭領地的時代（十二世紀），瑪歌的葡萄酒（見圖1-4）便深受英格蘭國王賞識，因而精益求精，提高品質。

即使是法國的凡爾賽宮，瑪歌酒莊也極受歡迎。宮廷內甚至壁壘分明——分為拉菲派與瑪歌派。例如最受寵的龐巴度夫人偏愛拉菲，而與之爭風吃醋的杜巴利伯爵夫人（Madame du Barry）就故意將瑪歌帶來宮廷一別苗頭。

瑪歌葡萄酒的味道與酒莊的樣貌在在呈現女王風範。瑪歌葡萄酒的一大特色是架構實在，但又有天鵝絨或絲綢般的柔順口感。年輕一點的瑪歌呈現一種旺盛的口感，適合男性飲用；但隨著時間的熟成，又搖身變為婉約優雅、適合女性的酒品。

拉圖酒莊目前隸屬於古馳（Gucci）集團與佳士得拍賣行董事長法蘭索瓦・皮諾（François-Henri Pinault）的旗下。

拉圖酒莊資本雄厚，利用最先進的設備與技術，進行電腦恆溫控管。同時，為了維持葡萄酒的穩定性，還特別訂製巨大的儲存槽來事先進行混釀。

圖 1-5　拉圖酒莊的葡萄酒。

前面說過，拉圖酒莊納入法蘭索瓦的旗下，因此佳士得總有喝不完的拉圖葡萄酒（見圖1-5）。於是佳士得員工便三不五時打著品酒的名號，在午餐時享用拉圖的頂級葡萄酒（二〇〇八年，臺灣售價新臺幣兩萬六千元）。現在回想起來，或許那是我一生最昂貴的午餐吧（雖然身為一名葡萄酒專家，絕對不能容許三明治搭配拉圖葡萄酒……）。

圖 1-6　歐布里雍堡的葡萄酒。

歐布里雍堡位於拉格夫產區的貝沙克・雷奧良（Pessac-Léognan），是四大酒莊中，唯一非梅多克地區的釀酒廠。但這家從一五〇〇年代開始釀酒的酒莊，因為悠久的歷史而成為例外。

歐布里雍堡目前隸屬於盧森堡（Luxembourg）。最近，該酒莊更因為發現一四二三年的葡萄種植紀錄，躍升為**歷史最悠久的酒莊**，而成為社會大眾熱烈討論的話題。

歐布里雍堡的等級在一百五十年後的今天也未曾動搖。但一九七三年出現一個重大的轉變——原本評比為二級的木桐酒莊（Chateau Mouton Rothschild）晉升為一級。

當英裔的羅斯柴爾德（Rothschild）家族在一八五三年買下木桐酒莊時，木桐酒莊釀的酒（見下頁圖1-7）不管是品質或者規模都無可挑剔，因此各界都以為，木桐酒莊肯定會在巴黎萬國博覽會中奪得一級的榮譽。可惜天不從人願，最後屈居二級。聽說最後的關鍵是酒莊易主，被英國人併購的緣故。

圖 1-7　木桐酒莊的葡萄酒。

然而，當時羅斯柴爾德家族的大家長菲利普（Philippe Rothschild）男爵並不因為得到二級的評比而認命。相反的，他致力於改良葡萄酒的種植與釀造方法，積極的遊說政治家。在他的各種努力下，木桐酒莊終於在一九七三年成功進階為一級酒莊。

其實，木桐酒莊在葡萄酒拍賣中也留下不少傳說。例如二〇〇四年洛杉磯的佳士得拍賣會，便推出號稱本世紀最高的傑作，那就是一九四五年木箱的木桐葡萄酒（十二瓶裝）。這個拍品不僅來歷精采，而且釀造後就一直在酒莊中儲存，可以說是條件具齊、難得一見的精品。

拍賣會當天，會場一早就充滿買家的熱氣。當拍賣官敲下小鎚子以後，創下史上最高成交價格，而且遠遠超過原定價格，以三十萬美元（約新臺幣九百五十萬元）成交。

不過，精采的還在後頭。接下來拍賣同一品牌，把六瓶一・五公升的瓶子用木箱裝，竟然以三十五萬美元（約新臺幣一百一十一萬元）成交。換句話說，木桐酒莊在同一個拍賣會中刷新了兩次紀錄，締造前所未有的偉業。雖然二〇〇四年的媒體都用「瘋狂」來描述當時的盛況，不過，與現在的成交價格相較之下，卻是小巫見大巫。

很幸運的，我也有機會品嚐木桐酒莊一九四五年出產的葡萄酒。那個酒香我至今難忘，而且深深體會原來葡萄酒也能有這麼多不同的層次。

我輕輕搖晃酒杯，讓葡萄酒與空氣接觸。這麼簡單的一個小動作，卻讓酒香與味道產生不同的變化。而這個千變萬化更讓我見識到木桐酒莊的實力，因為我根本分辨不出一九四五年產木桐葡萄酒的真實味道。

以上的四家酒莊加上木桐，號稱「波爾多五大酒莊」。這些酒莊具備其他酒莊無與倫比的歷史與品質。

在葡萄酒悠久的歷史之中，也只有這五大酒莊出現過一些傳奇的葡萄酒。例如一九四五年的木桐，一八七〇年與一九五三年的拉菲、一九〇〇年的瑪歌、一九六一年的拉圖、一九四五年與一九八九年的歐布里雍等，都是全球收藏家追求的精品。

除此之外，二級酒莊共有十四家。但是其中部分酒莊的品質與一級不相上下，甚至有超二級（super second）的美譽。例如碧尚女爵酒莊（Chateau Pichon Longueville Comtesse de Lalande）、雄獅酒莊（Chateau Leoville Las Cases），以及愛斯圖內酒莊（Chateau Cos d'Estournel）等都是一時之選。而且，這些酒莊的葡萄酒也是拍賣會中受歡迎的酒款。

其中，最受評論家好評的莫過於碧尚女爵的作品，這個酒莊的拍品每年幾乎以一

○%到二○%幅度持續成長。那是因為不管科技如何發達，也不可能釀造出與一九八二年同樣風味的葡萄酒（按：一九八二年是該酒莊最佳年分）。因此，價格便水漲船高。

珍貴的貴腐葡萄酒

波爾多除了梅多克以外，還有一些知名產區（見左頁圖）。例如北方的加龍河在與多爾多涅河（Dordogne）匯合後，成為吉隆特河（Gironde）流入大西洋。整個流域放眼望去盡是葡萄園。

吉隆特河左岸是梅多克地區，而加龍河左岸是格拉夫、巴薩克（Barsac）與索甸（Sauternes）。多爾多涅河右岸是聖愛美濃與波美侯（Pomerol）。

位於加龍河左岸的格拉夫便是優質的葡萄酒產地之一。

格拉夫是法語「砂礫」的意思，當地特有的砂礫型土壤能醞釀出果香豐富且濃郁的葡萄酒。格拉夫是相當罕見的葡萄酒產地，不管是紅白葡萄酒都聞名世界。當地除了大名鼎鼎的歐布里雍堡是唯一入選的五大酒莊以外，還有一些知名酒莊。

此外，加龍河左岸有一大片專門生產貴腐酒的索甸地區。索甸周遭有西隆河（Ciron）與加龍河流經，兩條河因為溫差而產生晨霧，因此讓葡萄上的貴腐菌穿透葡

■ 波爾多葡萄酒之主要產地

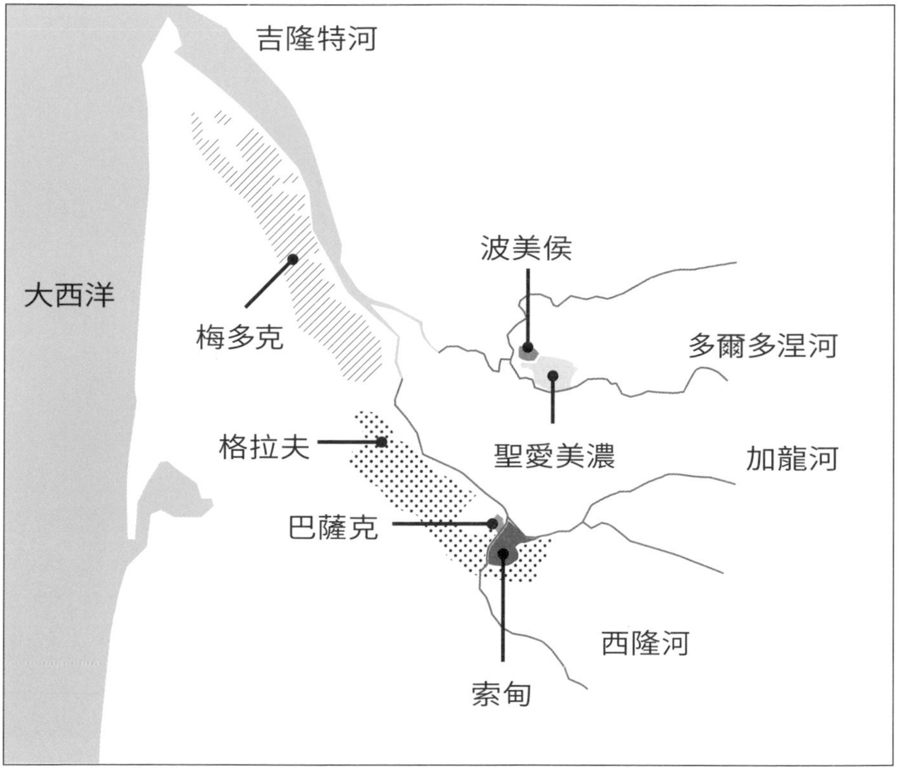

萄外皮，水分蒸發，使葡萄的糖分與酸度都更濃縮。

貴腐菌釀出來的葡萄酒雖然外表看起來不怎麼樣。但相當甘甜、入口即化。這種任何糕餅師傅也做不出來的香甜，簡直是大自然的奇蹟。

索甸地區有自己獨特的酒莊評比制度，分別是超一級（Premier Cru Superieur）、一級（Premier Cru）與二級（Deuxiemes Crus）等。而當地唯一獲得最高等級超一級評比的是伊更堡。

伊更堡的歷史可以追溯至十五世紀。在這麼漫長的歷史中，英國與法國也曾捲入伊更堡所有權的爭奪戰。話說法國打贏百年戰爭以後，伊更堡於一四五三年落入法國國王查理七世（Charles VII）的手中。之後很長一段時間都歸法國所有。

後來授權管理並共同擁有伊更堡的索瓦（Sauvage）家族，在一七一一年那年買斷所有權。之後幾經轉折又歸呂爾・薩呂斯（Lur-Saluces）家族單獨擁有。因此，伊更堡的標籤有很長一段時間，酒標都印有薩呂斯的名號，直到一九九九年納入LVMH（酩悅・軒尼詩—路易・威登集團，又稱路威酩軒集團），自二〇〇一年以後出產的葡萄酒便改以「索甸」取代。順便一提，二〇〇一年產的葡萄酒，可以說是自一九二一年以來最傑出的。

伊更堡的土地具備所有生產貴腐葡萄酒（見圖1-8）的風土條件（Terroir，指種植葡

圖 1-8　頂級伊更堡貴腐葡萄酒年產僅 10 萬瓶，非常珍貴。

萄的自然環境），一整株葡萄樹才釀造得出一杯珍貴的貴腐酒，因此年產量僅僅十萬瓶。而且葡萄用人工一顆顆而非整串採收。另外，需要一百五十名以上熟練的工人監看貴腐菌的附著狀況再分批採收。這個號稱世界最頂級的葡萄酒，在它香甜的背後，其實隱藏無數的勞力與心血。

伊更堡的貴腐酒隨著時間不同，從麥穗色進化為琥珀色。巴黎老佛爺（Lafayette）百貨公司的酒品專櫃，就有該酒莊自一八九九年起所有年分的葡萄酒。消費者可以清楚比較顏色的變化。看著這些頂級的葡萄酒因為大自然的力量隨著歲月改變風貌，不禁讓人感嘆人類的渺小與大自然的奧祕。

世上最美的葡萄酒產地

多爾多涅河右岸的聖愛美濃地區，有一個風景優美的聖愛美濃村。當地於一九九九年成為第一個列為世界遺產的葡萄酒產地。該村放眼望去盡是葡萄園，充滿質樸的意境，宛如時光就停留在中古世紀一般。

聖愛美濃村自古以來便是前往梅多克（被譽為法國葡萄酒聖地）的中繼站，因此成為繁榮的村鎮。當地人口雖然只有兩千八百人，但卻有幾百名釀酒師。甚至可以說這個村鎮是靠葡萄酒發展起來的。聖愛美濃酒莊的評比有最高等級的一等特級酒莊（Premier Grand Cru Classe）與二等的特級酒莊（Grand Cru Classes）兩種。

說起聖愛美濃的酒莊，就屬最高級的白馬酒莊（Cheval Blanc）以及歐頌酒莊（Ausone）最為有名。這兩家酒莊都是世界遠近馳名的高級酒莊。白馬酒莊、歐頌酒莊與後面介紹的彼得綠堡，加上梅多克區的五大酒莊被譽為葡萄酒界的八大酒莊（big eight），在業界有著舉足輕重的分量。

一八三二年創立於聖愛美濃的白馬酒莊，如今納入LVMH集團旗下，是一個既時髦又美麗的酒莊。該地土壤屬於砂礫土性質，葡萄酒採混釀模式，葡萄品種以卡本內・弗朗（Cabernet Franc）為主，再加入梅洛（Merlot）以製成高級葡萄酒（見圖1-9）。

白馬酒莊推出過不少佳作，其中又以一九四七年分的葡萄酒最為人歌頌，堪稱歷史上的傳奇。二〇〇五年全球正掀起一股高級葡萄酒的熱潮，這個年分的白馬因為太受歡迎，甚至連拍賣行也訂不出底價。

圖 1-9　位於聖愛美濃的白馬酒莊所產的高級葡萄酒。

於是，拍賣行只好打出估價待詢（Estimate on Request）。一般而言，拍賣時都會從低於底價開始競投，但白馬酒莊一九四七年分的葡萄酒，卻是由競標者自行喊價。這一年分釀製的葡萄酒雖然有十一萬瓶，但現在卻是有錢也買不到的珍貴葡萄酒。

順帶一提，白馬酒莊釀造的葡萄酒之所以一夕成名，其實要歸功於美國電影《尋找新方向》（*Sideways*）。這部電影榮獲奧斯卡金像獎與金球獎兩大獎，而且電影男主角是白馬酒莊的頭號粉絲。大眾印象最深的是，他在速食店就著塑膠杯享用一九六一年分白馬的場景。

聖愛美濃村還有一家香奈兒旗下的卡農酒莊（Chateau Canon）。卡農是聖愛美濃村中的老牌酒莊，有五百多年的歷史。

除了有一大片葡萄園之外，在該葡萄園十公尺深的地底，有用石頭打造出來的地窖。長達三十公里的通道是酒莊的舊跡。現今雖然已經不再使用，但在寂靜中，仍然讓人感受到它的莊嚴和肅穆。

卡農酒莊所散發的尊貴與高尚，應該與這個地窖所醞釀出來的肅穆氣氛有極大的關係。除了卡農酒莊以外，其他歷史悠久的法國酒莊，不但氣勢磅薄，更有種讓人折服的威嚴，因此才能成為上流社會的象徵。

波美侯雙雄

與聖愛美濃同樣位於多爾多涅河右岸的波美侯地區，也是一個不可忽視的一流葡萄酒產地。當地以梅洛為主，釀造出來的葡萄酒飄散著高貴的香氣，這個人口不到一千人的村鎮卻有好幾個頂級的酒莊。其中之一就是彼得綠堡。在一八七八年，該酒莊因為獲得巴黎萬國博覽會的金牌獎而一夕成名。

彼得綠原本是拉丁文，亦即英語的彼得（Peter），取自基督十二信徒中的大弟子聖彼得。因此，該酒莊標籤上插圖是手上拿著天堂鑰匙的聖彼得（見圖1-10）。

當時的多爾多涅河的右岸與梅多克地區的左岸相比，不管是名氣或品質都相對落後。然而，因為彼得綠堡的出現，一下子提高右岸的風評。特別是一九六一年歸莫伊克（J.P. Moueix）公司所有以後，彼得綠堡就出過不少傳奇的葡萄酒。

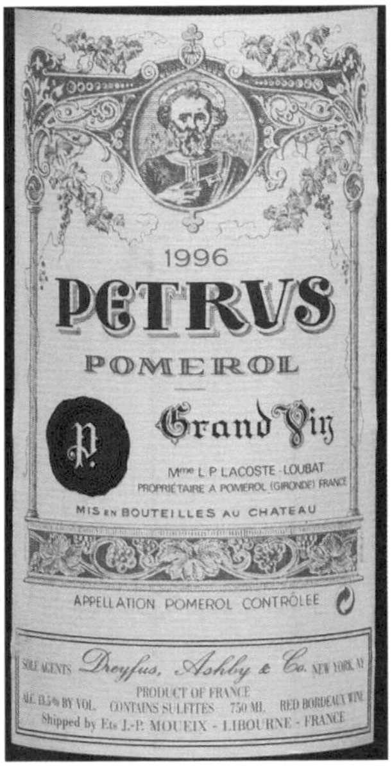

圖 1-10　彼得綠堡的酒瓶標籤與聖彼得的圖樣。

彼得綠堡的總釀酒師兼董事長是克里斯蒂安・莫伊克（Christian Moueix）。這個酒莊特別之處就是莫伊克對葡萄酒的熱情。

在社交場合中，莫伊克總是衣衫筆挺，一副歐洲紳士的派頭。但私底下卻喜歡穿著長靴巡視葡萄園。這種專業認真的態度，讓彼得綠堡釀造出一流的葡萄酒。

此外，一九九一年對於波爾多的右岸而言，是葡萄酒的普通年分（off vintage，指葡萄收成不好或氣候不佳的一年）。當年收成的葡萄沒什麼果香，因此彼得綠堡就放棄出貨。由此可見，他們對於葡萄酒多麼認真與負責。

莫伊克的釀酒熱情讓彼得綠堡酒莊的品質與名聲一飛沖天，現在已經成為政商名人鍾愛的頂級象徵。而且價格並不便宜，稱得上波爾多數一數二的葡萄酒。

在波爾多右岸中，與彼得綠堡酒莊在國際間並駕齊驅還有樂邦（Le Pin）酒莊。這也是波爾多知名的酒莊，時常與彼得綠堡相提並比。

樂邦（見圖1-11）與彼得綠堡一樣以梅洛為主，但產量比彼得綠堡更少，而且很少在拍賣會中露臉。稱得上是珍品中的珍品。其中更以一九八二年的葡萄酒榮獲派克（參閱第一九〇頁紅酒素養六）百分滿點的最高評價。因此，世界不少收藏家都鎖定一九八二年產的樂邦。

以前，樂邦的莊主兼釀酒師的天鵬（Leon Thienpont）曾在某過宴會上說過：

「想釀造出美味的葡萄酒最重要的是堅守信念。雖然現在科技發達，隨隨便便就可以在香氣、味道與顏色上加工，事實上有些酒莊也這麼做。但不管葡萄的收成如何，我從來沒有想過利用人工來騙人。因為收成不好的年分，才是葡萄酒存在的證明。」

（按：年分是評斷該葡萄酒品質的因素之一，但年分不好，並非代表該年的酒品質不好。酒莊可透過嚴格的葡萄篩選與釀酒技術，集中好的葡萄以生產某一款酒，以達到一定程度

圖 1-11　1982 年的樂邦榮獲派克的滿點評分。

的品質。）

我覺得他的這番話正是樂邦成為一流酒莊的精隨所在。而且我相信今後樂邦也將不斷的推出名留歷史的佳作。

特有的期酒交易

在波爾多有一種特殊的交易模式，稱為「波爾多期酒」（Bordeaux En Primeur），屬期貨交易（按：買賣雙方先確定交易的價格，經一段時間後，再點收貨物、付清費用）。也就是說，在葡萄酒還在酒桶中（按：葡萄酒在發酵完成後，會在橡木桶中放置一段時間，因為橡木桶可以增添葡萄酒的香氣，還可以使口感變得更加柔順。等葡萄酒熟成後，先過濾雜質然後裝瓶），就有買家先下單預訂。順帶一提，Primeur 是法文，意思是「新的」或「第一個」。

每年三月底到四月，波爾多都會舉辦盛大的一級葡萄酒品鑑會。買家可以試飲去年九月到十月採收、在酒桶中發酵熟成的葡萄酒。

買家會根據葡萄酒的釀造成果決定購買數量。而酒莊在決定售價時，除了根據葡萄酒的優劣以外，也會參考評論家的評語、國際的經濟形勢或消費者的需求等。

每年都有一萬多位來自世界各地的業者或記者，參與這場盛會。此時的波爾多到處都是品鑑會。葡萄酒業者在選定參訪的酒莊與日期以後，便前往酒莊親自試飲。

當然，一級酒莊如彼得綠堡等，不但不接受陌生買家，還會限制參訪人數，安排每位客戶不同的參訪行程。

只有雀屏中選的業者才能踏入這些莊嚴的酒莊。精心布置的試飲室中排放著潔淨亮麗的酒杯與資料，讓買家可以一邊品嚐葡萄酒，一邊聽酒莊說明葡萄的收成狀況，或是帶買家參觀園區的釀酒設施。參訪的時間不短，在酒莊的安排下，買家能夠充分學習並了解自己的選擇。

順便一提，波爾多的知名酒莊看起來就像城堡（Chateau）一樣。酒莊四周有林蔭大道、氣派的建築物與美麗的庭園，湖面看得到悠哉的白鳥。酒莊整體散發出氣宇軒昂的氣質，也顯得極其華麗與優雅，像是貴族住的地方（見圖1-12）。在布根地以生產羅曼尼・康帝（Romanée-Conti）聞名的酒坊（domaine，指擁有葡萄園或葡萄園組成的資產或產業，為布根地的習慣稱法）若與之相比，就像是個「小農戶」。

當然，除了這些歷史悠久、雄偉的酒莊以外，波爾多的其他酒莊也會舉辦期酒品鑑會。規模不大的精品酒莊（Boutique Chateau）或新進酒莊也會在品鑑會中推出自己的攤位，因此買家可以在各個攤位中試飲。

我也曾參加期酒的品鑑會，只能說那還真是一場體力戰。

當天，我從早上十點到傍晚左右，總共參訪五家酒莊。我在每家酒莊都試喝好幾種葡萄酒。行程結束以後，晚上還有一個業者的聚會。大家自備葡萄酒，一邊喝酒一邊聯絡感情，或者交換資訊。結束這場聚會以後，我們還跑去喝最後一攤，當作睡前酒，一天才總算落幕。

到了第二天，又是從早上十點開始試飲行程。從早到晚不斷的喝葡萄酒，就這麼喝上個四、

圖 1-12　波爾多一級酒莊瑪歌酒莊的外觀。©BillBl

五天。所以我才說期酒的品鑑會並不簡單，需要非常強壯的肝臟與體力。

其實，波爾多像這樣舉辦期酒品鑑會，不過只有六十年的歷史而已，並非自古以來的慣例。因為有一些酒莊在第二次世界大戰時，由於經營困難，而無法繼續種植葡萄或釀酒。而且，買家也僅限於英國、比荷盧聯盟（Benelux）、法國與北歐的斯堪地那維亞（Scandinavia）等國，因此酒莊漸漸陷入資金短缺、周轉不靈的困境。

加上波爾多葡萄酒需要好幾年才能熟成，在尚未熟成的期間就沒有進帳。於是，波爾多的主要酒商同意在裝瓶前先付貨款，訂出期貨的交易系統。有些還可以在葡萄收成以前就先下單預購。

期酒制度原先是為了幫助酒莊解決資金周轉的問題，但最近這個交易系統有了一些變化。因為二〇一二年，五大酒莊中的拉圖宣布退出期酒市場。

拉圖酒莊改變行銷策略，決定不透過酒商，而是從進口商（importer）與終端消費者切入。拉圖先讓葡萄酒暫時熟成（放置），等到可以飲用與銷售的時候，訂定售價自產自銷。拉圖酒莊資金雄厚，因此才下定決心不靠期酒交易，靠著囤貨提高利潤。

除了拉圖的案例以外，網際網路的普及，也讓葡萄酒的流通與行銷模式面臨轉變的壓力。長久以來，酒莊與酒商雖然是互助互利的關係，但現在正是波爾多傳統的流通系統迎向轉換的時機。

紅酒素養一

六大必學葡萄品種

釀造紅葡萄酒的主要葡萄品種

●卡本內・蘇維濃

號稱世界產量最多，幾乎所有葡萄酒產地都會種植卡本內・蘇維濃，是紅葡萄酒中首要記住的基本品種。這個品種的單寧成分濃厚，因此在酒齡（陳年時間）年輕時，酒精濃度相對較高，味道醇厚而且結構堅實，是各種葡萄酒最常用的品種。

除此之外，法國的波爾多、義大利的托斯卡尼（Tuscany）或加州的納帕谷等頂級葡萄酒也是使用這個品種，因此極其有名。

●黑皮諾

法國布根地固有的黑皮諾（Pinot Noir）不容易種植，且較細緻。另一方面，它也是有全球第一葡萄酒之稱的「羅曼尼・康帝」使用的品種。所以，黑皮諾可以說是葡萄品種中的潛力股。基本上，使用黑皮諾釀造的葡萄酒，都是單一釀造，不習慣與其他品種混釀。因此，黑皮諾最有名的，就是釀造出來的葡萄酒，會隨著年分而展現出不同精緻細節。

●梅洛

梅洛的種植面積高居世界第二位，對氣候的抗壓性較大，而且不挑產區。因種植容易，所以梅洛受到全世界釀酒師的青睞，從法國波爾多到美國、義大利、智利、阿根廷或澳洲等，幾乎所有的葡萄酒產地都看得到這個品種。

而且，梅洛與卡本內・蘇維濃的相適度最佳，兩者混釀的頂級葡萄酒更是世界聞名。價格最高的梅洛葡萄酒出自於法國的波爾多。其中，聖愛美濃與波美侯產出的頂級葡萄酒，也都使用梅洛。最具代表性的莫過於彼得綠堡與樂邦兩家酒莊。

釀製白葡萄酒的主要葡萄品種

●夏多內

夏多內（Chardonnay）號稱是法國布根地的固有品種，從夏布利（Chablis）、蒙哈榭（Montrachet）、香檳區、美國的加州到智利等世界各處都看得到，堪稱白葡萄酒的王道品種。

即使是同樣的夏多內，也因產區不同，而有天差地別的風味。舉例來說，在布根地或香檳區等氣候涼爽地區生產的夏多內，呈現出礦物質與酸味豐富的乾型（dry，指葡萄酒不含殘糖，不甜。酒的甜度可分為四個等級，依序是乾型、半乾型、半甜型、甜型）口感；陽光充沛的加州或智利的夏多內，則散發熱帶水果的香味與濃郁的口感。

●白蘇維濃

白蘇維濃（Sauvignon blanc）是世上葡萄酒產地種植最多的芳香型白葡萄品種，不管是一般或頂級葡萄酒都看得到它的身影。白蘇維濃雖然是波爾多的固有品種，但義大利、智利或紐西蘭等地也有種植。

白蘇維濃的適應力極高，不管是溫暖或陰涼的氣候都能生存。而且能夠配合產區展現不同個性。因此，提供不同風味也是這個品種的魅力之一。

●麗絲玲（Riesling）

麗絲玲偏好涼爽的氣候，大都種植於歐洲北方的德國跟法國的阿爾薩斯，是一款適合釀造白葡萄酒的品種，而且糖分的調整範圍極大，不管是乾型到甜型都可能呈現。

除此之外，麗絲玲也用於甜味濃厚的貴腐葡萄酒或晚收的葡萄酒，這個品種特有的酸味加上葡萄酒原本的甜味，才是麗絲玲風格獨具之處吧。

第二章

布根地，拿破崙與舉世最富小女孩的最愛

位於法國東部的布根地與波爾多，同樣是法國頂級的葡萄酒產地。不過，布根地卻與波爾多稍微不同。**布根地不像波爾多有巍然聳立的酒莊**，這裡放眼望去盡是一片畜牧的悠閒景象（見圖2-1）。即使釀造出世界頂級葡萄酒羅曼尼・康帝的酒莊，也沒有氣派的招牌或大門，只是簡單的寫著「釀酒廠」。

兩者之所以有這些差別，起始於十八世紀的法國革命。法國革命剝奪了貴族的特權，讓他們的葡萄園全部充公。

但革命後，波爾多的葡萄園再度被貴族或仕紳買回，因此逐漸出現一些頭角崢嶸的酒莊，在廣大的葡萄園區大量釀造葡萄酒。

另一方面，**布根地的葡萄園大都屬於教會或修道院，然後再分給農民耕種。**劃分後的葡萄園面積窄

圖 2-1　布根地的葡萄園看不到大型酒莊，放眼望去盡是畜牧般的景象。©Cocktail Steward

小，葡萄產量也相對較低。因此，不需要像波爾多那樣大型的酒莊。

布根地因為這些歷史因素，而缺乏氣派豪華的酒莊，因此沒有必要仿照波爾多根據產區評比酒莊的等級。

布根地只簡單的將葡萄園分為四個等級，按照順序為特級（Grand Crus）、一級（Premier Crus）、村莊級（Communal，指葡萄園的村鎮）與地區級（Regional，指葡萄園的區域）等四個等級（見左下圖）。

特級葡萄園如字面所示，就是最高等級的葡萄園。這是羅曼尼・康帝或蒙哈榭等部分國際知名的葡萄產區才有的殊榮。而且，面積僅約整個布根地的一・五％。

特級葡萄園所釀造的葡萄酒，會在標籤的AOC上註明葡萄園的名稱。例如羅曼尼・康帝是葡萄園與釀酒廠的名稱，所以標籤上是「Appellation Romanée-Conti Contrôlée」。

總之，能夠使用羅曼尼・康帝葡萄園這個名稱的，只有「羅曼尼・康帝

■布根地的評比制度

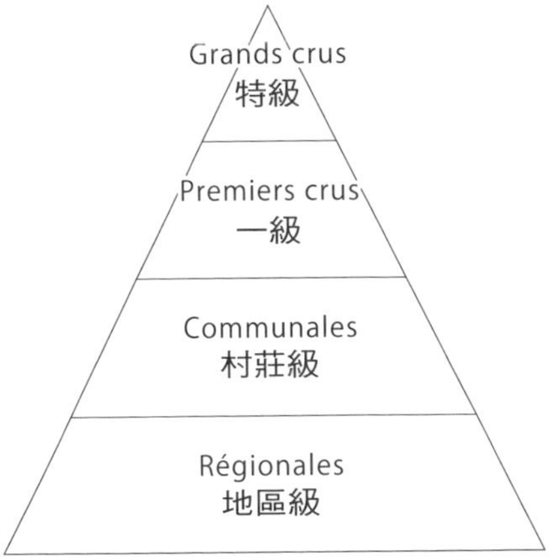

的酒坊」（Domaine de la Romanée-Conti，俗稱DRC），這是代表該葡萄園被獨家壟斷，通常酒莊會寫上Monopole字樣。物以稀為貴，於是價格便水漲船高。

一級葡萄園雖然在評比制度中名列第二，但不代表品質無法與特級相比。布根地最著名的釀酒師是已故的亨利・賈葉（Henri Jayer），其實他所經營的酒坊屬於一級葡萄園。而他的克羅・帕宏圖（Cros-Parantoux）也是在馮內・侯瑪內（Vosne-Romanée）村中的一級葡萄園釀造的。

一級葡萄園的標示的是「村名＋1er Cru（Premier Cru）＋葡萄園」，另外，使用多種一級葡萄時，不需註明葡萄園。舉例來說，在馮內・侯瑪內一級葡萄園所釀造的葡萄酒，就是「Appellation Vosne-Romanée Premier Cru Contrôlée」。

而第三等的村莊級（村名）所釀的葡萄酒，只能採用同一個村莊的葡萄，要注意的是，即使同一村莊，如果品質不符規格，也不能冠上該村莊的名稱。這個等級的葡萄酒以整個「村莊」作為標準，因此只要是同一個村莊釀的，即使葡萄的來源不同也無所謂。葡萄酒標籤上須註明「村名」，例如馮內・侯瑪內村的村莊級葡萄酒，標示為「Appellation Vosne-Romanée Contrôlée」。

最低等的地區級（地名）所規範的範圍最廣，涵蓋整個布根地地區，酒瓶標籤上標示「Appellation Bourgogne Contrôlée」。

混釀葡萄酒

但另外波爾多與布根地之間還存在一個極大的差異，與這個評比無關。那就是葡萄品種的混釀。

在波爾多，不論是紅葡萄酒或白葡萄酒主要用的葡萄品種，都可以混合搭配。紅葡萄酒的五個品種：卡本內・蘇維濃、梅洛、卡本內・弗朗、馬爾貝克（Malbec）與小維多（Petit Verdot），可搭配白葡萄的三個品種：白蘇維濃、榭密雍（Sémillon）與蜜思卡岱勒（Muscadelle）。

再者，波爾多的酒莊大都擁有一個以上葡萄園，因此可以根據葡萄的收成，混合各個園區的葡萄，釀造出獨特的風味。例如波爾多的拉圖酒莊就是依照每年的收成狀況，將八〇％到九五％的卡本內・蘇維濃，加上五％到二〇％的梅洛與〇％至五％的卡本內・弗朗或小維多。

此外，波爾多與布根地不同的是，因為沒有葡萄園的評比制度，因此酒莊可以依照實力擴展園區域。只要是許可的葡萄品種，這些酒莊就能隨心所欲的擴大園區與種植量，提高葡萄酒的產能。

但反過來說，大量生產也可能降低葡萄酒的品質，進而影響市場風評，所以，波爾多的酒莊不會躁進行事。而一級酒莊的招牌、二級酒莊的驕傲等榮譽感，也因此成為督促波爾多酒莊釀造一流葡萄酒的原動力。

透過不同品種的搭配，釀造出波爾多葡萄酒複雜中不失協調的獨特魅力。另一方面，**布根地卻不允許混釀葡萄**，使用的葡萄品種也有所限制，例如八〇%的白葡萄酒只用夏多內，而紅葡萄酒只用黑皮諾。

遠古時代的布根地其實位於海底，各個地方的土壤成分或礦物質差異頗大。因此，種植出來的葡萄就不盡相同。此外，布根地的葡萄園大都遍布在斜坡上，坡度也會影響葡萄園的日照與收成。

一般以為，布根地風土最佳的條件，以釀造出羅曼尼・康帝的馮內・侯瑪內村莫屬。該村具備所有種植黑皮諾的條件。同時，土壤的品質、葡萄園的角度、方位或標高等都無話可說。而與這裡一步之隔的農地所釀造出來的葡萄酒，在品質或價格上都無法相提並論。其間的差異簡直「一口瞭然」。

因為葡萄園的特性如此不同，所以布根地的葡萄酒即使採用相同品種，也會因為地域或園區而大幅影響葡萄酒的風味。順帶一提，每年的收成狀況也是重要因素之一。

布根地無法像波爾多那般自由的搭配葡萄品種，因此收成的好壞，會嚴重影響葡萄酒的味道與價格。收成好時，布根地的葡萄酒就能有好行情，這是在大自然與酒坊努力下創造的奇蹟，也是千辛萬苦的報酬。

得天獨厚的馮內・侯瑪內

布根地有一個以頂級葡萄酒聞名的「金丘」（Côte-d'Or），因為滿山遍野的葡萄園呈現一片金黃色而得名，金丘又分為夜丘（Côte de Nuits）與伯恩丘（Côte de Beaune）。兩者同是世界知名的高級葡萄酒產地（見下頁圖）。

首先，讓我先從夜丘說起。夜丘有幾個村莊，當地出產的葡萄酒價值都不便宜。例如哲維瑞・香貝丹（Gevrey-Chambertin）村所釀造的葡萄酒就是拿破崙的最愛。當地有九個特級葡萄園。單單這九個葡萄園就集中了三十家左右的釀酒廠。

例如鼎鼎大名的羅曼尼・康帝就是出自於夜丘的馮內・侯瑪內村。這個村莊擁有一切釀製葡萄酒的條件，因此素有「上帝眷顧之村」的美名。除了羅曼尼・康帝以外，當地還有塔須園（La Tache）與李奇堡（Richebourg）等特級葡萄園，不少高級葡萄酒都是這個小村莊釀造的。

時至現今，馮內・侯瑪內村仍然只有葡萄園、釀酒廠與教會。連馬路都隨便鋪上個柏油而已。整個村莊就好像仍停留在過去幾百年前。

■布根地的主要產地

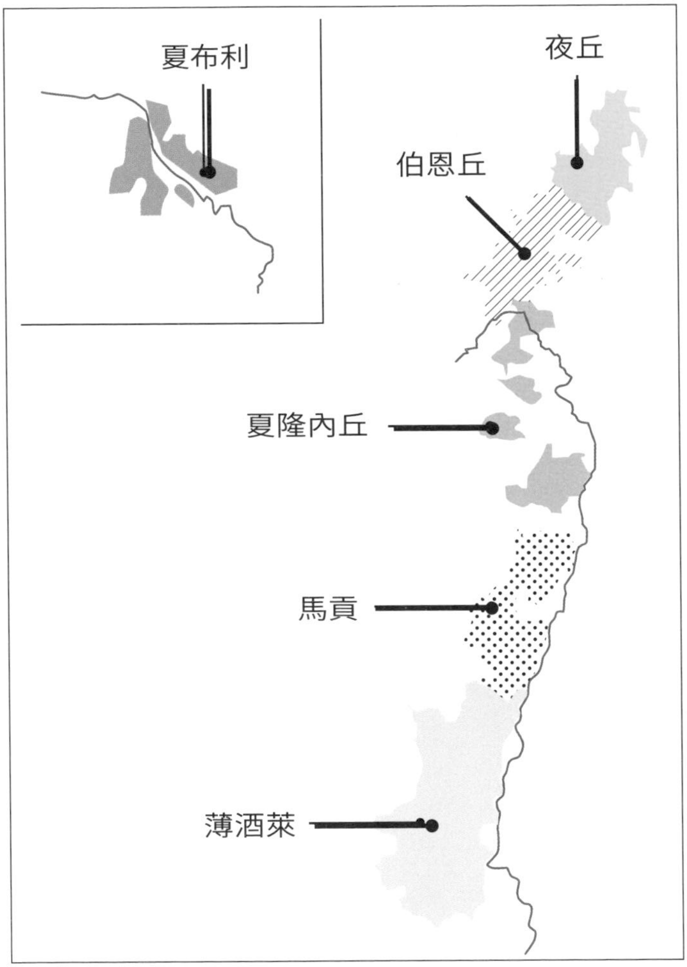

我習慣像朝聖般定期的走訪羅曼尼・康帝的葡萄園。這個特殊的地方有種莊嚴肅穆的氛圍。葡萄園附近仍然看得到過去釀酒的教會。從高臺往下俯視，四周宛如時空靜止一般，甚至能夠感受到修道士就在園裡辛勤的耕種。

此外，葡萄園裡還豎立著十字架，就像守護神一樣，帶著上帝的庇佑，保護這塊土地（見圖2-2）。

提到羅曼尼・康帝（見下頁圖2-3），讓人聯想起，佳士得在二〇〇四年舉辦的多麗絲・杜克（Doris Duke）收藏展。

圖 2-2　羅曼尼・康帝葡萄園中的十字架。

多麗絲・杜克的父親是美國菸草公司創辦人詹姆斯・布加南・杜克（James Buchanan Duke）。在多麗絲十二歲時，因為父親的驟逝而繼承一億美元的龐大遺產，而被各界稱為「世上最富有的女孩」（The richest girl in the world.），她一生中最大的嗜好就是旅行與收集美術品。她波瀾萬丈的人生甚至還曾經搬上電影銀幕。

在二〇〇四年為期四天的拍賣中，佳士得展出多麗絲一生收集的各種藝術品與珍貴葡萄酒。

多麗絲在葡萄酒上的慧眼眾口皆碑，她的收藏品中，尤其以一九三四年產的羅曼尼・康帝最受各界矚目。這些珍品長久以來沉睡在她美國羅德島州紐波特的豪宅。不論是葡萄酒的來歷或保存狀態都極其完美。

而且，最幸運的是，我跟其他夥伴因負責拍賣會的一切，為了確認酒的品質，竟然有機會能試飲多麗絲的收藏。當時，所有工作人員都屏住呼吸，看著老闆慎重、緩慢的打開栓木塞。當栓木塞拔起的那一剎那，酒香立即瀰漫整個辦公室，讓我們更加充滿期待。

圖 2-3　自古便廣受好評的羅曼尼・康帝。

過了片刻，由老闆帶頭試飲。在我們眾目睽睽之下，只見他將一小口冬眠中的羅曼尼・康帝含在口中。

此時，他竟然從椅子上摔了下來。原來是葡萄酒太過美味，讓他渾然不知所以，就像醉倒一樣。羅曼尼・康帝的功力讓素來挑剔的葡萄酒專家也為其懾服。

事實上，歷史上有不少大人物都是羅曼尼・康帝的粉絲。其中，最有名的就是體弱多病的路易十四（Louis XIV），聽說他將羅曼尼・康帝當藥喝，每天都要喝一湯匙。

此外，路易十五（Louis XV）的寵妾龐巴度夫人更是羅曼尼・康帝的鐵粉。她曾經與路易十五的堂兄弟康帝親王（Prince de Conti）爭奪羅曼尼・康帝的所有權，但是在出價上還是輸給康帝親王。最不可思議的是龐巴度夫人為了報復，竟然將皇宮裡的布根地酒一掃而空。

說到馮內・侯瑪內村就不得不提起亨利・賈葉。這位偉大的釀酒師與羅曼尼・康帝酒莊同樣廣受歡迎。亨利生於一九二二年法國的馮內・侯瑪內村。在他二〇〇六年離開人世以前，畢生的精力都奉獻給黑皮諾葡萄酒。

亨利家族世代以種植葡萄為業，他十六歲時，因兄長赴戰場而承繼家業。經過十幾年後的種植經驗，他終於在一九五〇年代創造自我品牌，從事釀酒事業（見下頁圖2-4）。

長久以來，亨利專注於葡萄的種植，熟知黑皮諾的所有專業知識。因此，在釀酒技術上無人能比。而且他還帶頭嘗試一些前衛的釀酒製法，例如，永續種植

圖 2-4　亨利・賈葉親自釀造的克羅・帕宏圖。創下葡萄酒拍賣史上最高成交紀錄。

（sustainable，降低化學藥品的用量）或無過濾釀酒法（no filtration，抑制果皮等沉澱物的濾過釀造法）等。他之所以敢做這些挑戰，其實也是因為他對黑皮諾瞭若指掌。

亨利的葡萄酒總是將黑皮諾的精髓發揮極致，因此廣受好評，在他二〇〇一年退休以前，他手上就出過不少傳奇的葡萄酒。布根地許多年輕釀酒師都以他為師，而且他最為人稱讚的，也是致力於培育青年才俊，不吝傳承。

然而，令人悲痛的是，二〇〇六年他因為癌症而撒手人寰。目前由外甥艾曼紐・胡傑（Emmanuel Rouget）與徒弟凱慕斯（Meo-Camuzet）繼承，守護著他的葡萄園。

白葡萄酒的聖地——蒙哈榭

金丘中的伯恩丘也是布根地知名的葡萄酒產地之一。伯恩丘有些村鎮以釀製葡萄酒而聞名。其中，最有名的莫過於專門生產頂級白葡萄酒的蒙哈榭了。

蒙哈榭村有五個特級葡萄園：蒙哈榭、騎士蒙哈榭（Chevalier-Montrachet）、巴塔蒙哈榭（Bâtard Montrachet）、比衍維紐—巴達—蒙哈榭（Bienvenues-Bâtard-Montrachet）、克利優—巴達—蒙哈榭（Criots-Batard-Montrachet），而且全都產量稀少，因此價格一直居高不下。

在蒙哈榭的這些特級葡萄園中，有一家歷史悠久、專門生產高級白葡萄酒的釀造廠，那就是樂弗雷酒莊（Domaine Leflaive，見圖2-5）。這家酒莊擁有三百年的歷史，算得上是名門中的名門。他們擁有一大片葡萄園，面積高達二十五

圖 2-5　樂弗雷酒莊釀造的高級白葡萄酒——騎士蒙哈榭。

公畝，而且大部分屬於特級或一級認證。

二〇一七年，樂弗雷酒莊的葡萄酒打敗DRC公司，成為售價最高的白葡萄酒。根據二〇一七年七月的報價，該酒莊的白葡萄酒平均每瓶為六千六百九十八美元（一瓶約新臺幣二十一萬元）。

樂弗雷酒莊是布根地白葡萄酒的釀酒高手約瑟夫・樂弗雷（Joseph Leflaive）於二十世紀初期所創立。之後，在第三代也就是現今莊主安娜－克勞德・樂弗雷（Anne-Claude Leflaive）的努力下，有了飛躍性的成長。

安娜為了改善品質不佳的葡萄，於是開始接觸自然動力法（biodynamie）。她配合天體運轉的時令，避免使用化學肥料或農藥，靠著大自然力量促進土壤活化，或者用這種方式種植葡萄。一九九七年，安娜的葡萄園全部採用這種農耕法，也讓她成為自然動力法的先驅。

樂弗雷酒莊的葡萄不使用化學藥品，因此釀造出來的葡萄酒，呈現一種山泉般清澈且透明的質感。這種如水般的特殊口感，吸引世界各國的葡萄酒愛好家爭相搶購。於是，樂弗雷酒莊的葡萄酒一夕之間成為千金難求的搶手貨。不僅價格節節上升，而且只有超級酒迷才買得到。

這個現象讓安娜覺得痛心，她因此決定在土地價格較為便宜的馬貢釀造葡萄酒。二〇〇四年，她推出頭一年在馬貢釀造的葡萄酒。

馬貢位於布根地南方，是一個相當適合釀造葡萄酒的產區。在四個等級中，大部分的葡萄園屬於村莊級與地區級。雖然當地葡萄園的等級不高，但絲毫不影響樂弗雷酒莊堅持的品質。當地所釀造出來的葡萄酒裡散發著果香，微帶礦物質的風味與清澈的透明感都廣受好評。

因為樂弗雷酒莊進駐馬貢，葡萄酒名門中的貢拉馮酒莊（Domaines des Comtes Lafon）也開始在這裡釀造葡萄酒。目前，馬貢地區因為釀酒技術精良，但價格經濟實惠而成為各界的關注焦點。

順帶一提，伯恩丘的高級白葡萄酒中，在阿羅斯高登（Aloxe-Corton）村所出產的高登・查理曼（Corton-Charlemagne，見圖 2-6）也極其有名。

高登村之所以開始釀造白葡萄酒要遠溯至八世紀，

圖 2-6　伯恩丘釀造的高級白葡萄酒——高登・查理曼也極其有名。

當時呼風喚雨的法國國王查理曼大帝（Charles the Great）其實愛喝的是紅葡萄酒，他甚至在高登村的自家土地上全部種上紅葡萄。

但紅葡萄酒卻有一個小缺點。那就是會弄髒他寶貝的白色鬍鬚。為了解決這個頭痛的問題，他後來就改喝白葡萄酒。於是，高登村的葡萄園也全部改種白葡萄。

查理曼大帝的法文是Charlemagne，因此他一手推動的頂級白葡萄酒就命名為高登・查理曼。即使是現今，高登・查理曼在拍賣會中的成交價還是相當高，被收藏家視為難得一見的珍品酒。

扶貧濟弱的慈善葡萄酒

在伯恩丘的伯恩市中，還有一款歷史悠久的伯恩濟貧醫院（Hospices de Beaune）葡萄酒。

伯恩濟貧醫院的歷史可以追溯至十六世紀左右。當時的波爾多因為貿易熱絡而繁榮富庶，相比之下，只靠葡萄酒支撐的布根地就不同了。當地農民生活困苦，即使身為布根地葡萄酒商業中心的伯恩市，病人與窮人仍隨處可見。這些窮苦的農民生病了也沒錢去醫院看病，甚至有不少人因為沒飯吃而餓死。

當時，布根地公國的財務大臣不忍村民受苦，因此在伯恩市蓋了一座醫院。同時，他捐出自己的葡萄園，讓醫院種植葡萄、釀製葡萄酒自行銷售。然後，將利潤所得貼補醫院的開銷，提供窮人免費就診的服務。

許多因此得救的村民相當感激他的善舉，而有錢人也被他的慈悲心感動。於是，大家共襄盛舉，紛紛捐贈葡萄園，讓醫院的種植面積越來越大。

伯恩市的村民靠著釀造葡萄酒逐漸改善生活品質，於是更有心力在葡萄酒上鑽研。後來，這個村裡所釀造的葡萄酒**甚至凌駕波爾多的五大酒莊，成為拍賣會中屢創新高的珍品**。

這個慈善醫院釀造的葡萄酒以該醫院為名（見圖2-7，標籤上印有醫院名稱），直到目前仍然是慈善拍賣會中的常客，而且拍賣所得有一部分捐給伯恩市觀光局或作為弱勢救濟之用。這些葡萄酒都靠伯恩市釀酒廠的鼎力協助，在地方各界的同心協力下，持續推動慈善義舉。

圖 2-7　伯恩濟貧醫院的葡萄酒。

慈善拍賣會在每年十一月的第

三個星期日舉行。釀酒廠將九月到十月收成的葡萄發酵，在酒桶醒一段時日以後，拍賣會便隆重登場。拍賣會前的三天一般稱為「榮光三日」，整個村莊觸眼所及全是葡萄酒。當天所有喜好葡萄酒的人或相關業者都齊聚一堂，到處都有盛大的活動。從早到晚排滿各種活動，例如葡萄酒品鑑會、釀酒廠的葡萄酒講座或者午餐饗宴等（見圖2-8）。

我每次去伯恩市參加這個慈善拍賣會時，總覺得對於當地村民而言，葡萄酒簡直就是日常生活中不可或缺的必需品。基督耶穌雖然曾說：「葡萄酒就是我的血。」但葡萄酒的價值並不是僅限於象徵尊崇耶穌。廣義而言，更應該扮演扶貧濟弱的功能，聯絡彼此情感，達到守望相助的目的。

常有人說思想與信仰才是人類的精神支柱。但事實上，伯恩市的生活糧食

圖 2-8　伯恩濟貧醫院慈善拍賣會一景。

卻是靠葡萄酒支撐。

話說回來，伯恩濟貧醫院的慈善拍賣會之所以如此受歡迎，並不光靠慈善為賣點。更重要的是，該醫院的葡萄園土質優良，所以能種出最好的葡萄。此外，釀酒廠為了維護自己的聲譽與工藝，更是竭盡一切努力精益求精，才能有歷久不衰的人氣。

再者，這個拍賣會最特別的，是所有葡萄酒都以「桶」計價，因此，得標者會有一種專屬的尊榮感，何況還能在酒桶上標註自己想要的名字。

我在二〇一六年也曾買下一桶葡萄酒。那是一段漫長但值得的等待，因為當葡萄收成以後，需要兩年的熟成，最後才裝瓶送到我手中。對照科技的日新月異，消費者只需要動一動手指，就能夠上網選購自己想要的商品；這樣花上兩年的光陰，耐心等待也是不錯的選擇。我記得當法國的釀酒廠通知我，葡萄酒熟成的狀況良好時，我開始伸長脖子殷殷盼望收到酒的那一刻。在這種期盼下終於到手的葡萄酒，當然意義非凡、與眾不同了。

順帶一提，在舉辦伯恩濟貧醫院慈善拍賣會的同時，布根地的梅索村還有一個酒農盛宴（La Paulée）。這是布根地貢拉馮酒莊莊主珠力・拉馮（Jules Lafon）於一九三二年企劃的一項活動。

這個活動起源於中世紀，原本是為了犒勞葡萄園工人的辛勞。一九二三年，熙篤會

（Cistercians）修道士重新推動這個活動，後來由珠力・拉馮承接。一九三二年，他在相關業者的協助下推廣這個活動，同時命名為酒農盛宴。後來便成為當地例行的盛事之一。

美國的業界也覺得這個企劃意義非凡，因此紐約或舊金山每隔兩年，也在二月底到三月初共襄盛舉。在酒農盛宴的會期中，布根地的釀酒廠也來紐約或舊金山助陣，與贊助廠商舉辦各種盛大的活動。全球所有愛好布根地的酒迷齊聚一堂，盡情享受各自喜好的品牌。

其中，主要活動之一的拍賣會，便是由贊助廠商施氏佳釀（Zachys）負責。拍賣會中，那些布根地釀酒廠直接提供，號稱「珍藏品」的貴重葡萄酒一一出籠。在此起彼落的喊價下，情緒狂熱的競標者開出紅包行情，衝高成交價格。

二〇一七年的酒農盛宴為歡迎羅曼尼・康帝的釀酒師威廉那（Aubert de Villaine）先生，特地舉辦一場世紀級葡萄酒晚宴。

晚宴的門票並不便宜，高達八千五百美元（約新臺幣二十六萬元），而且僅限一百名。即便如此，當晚的門票仍然瞬間秒殺。

雖然我也參加過幾次酒農盛宴，但每次總被會場的熱鬧氣氛折服。

日本的薄酒萊風潮

布根地除了夜丘與伯恩丘，還有幾個特殊的葡萄酒產地。如薄酒萊就是其中之一。**薄酒萊葡萄酒的特色就是大部分無須陳年**，所以選用的葡萄品種是加美（gamay，全名為白汁黑加美），幾乎一半的布根地都種植該品種，因此產量豐富。順帶一提，薄酒萊在渡過氣候乾燥的嚴冬以後，緊接著陽光充沛的炎炎夏日，於是成為布根地氣候條件最佳的土地。

日本每到秋季，媒體都會爭相報導薄酒萊，其實就是指「薄酒萊新酒」。所謂薄酒萊新酒，是指薄酒萊地區釀造的「新酒」（nouveau）。一般說來，葡萄酒都是將九月到十月採收的葡萄碾碎發酵後，靜置一段時間以後才出貨的。

為了確保葡萄酒的品質與產區，各個國家或地區對於熟成時間的規定都不同。例如波爾多的紅葡萄酒，須在酒桶中經過十二到二十個月熟成，而白葡萄酒則須十到十二個月。另一方面，薄酒萊新酒（見下頁圖2-9）只需要幾個禮拜就能出貨，因此十一月的第三個星期四便成為第一個出貨的「解禁日」（按：大部分薄酒萊葡萄酒屬於未經過橡木桶封陳、單寧度低的「新酒」，不能久放，因此非常強調「當年產酒，當年飲用」。配合這樣特性，從一九七〇年起，逐漸出現一種薄酒萊葡萄酒慶典——每年十一月第三個

圖 2-9　薄酒萊新酒在 11 月第 3 個星期四出貨。

星期四，將當年九月十一日之後下桶開始釀造、並在十月初製作完成的葡萄酒桶打開，開始暢飲。近年薄酒萊新酒透過行銷推廣到全世界，但仍然大致遵循此傳統，規定已經裝瓶運抵銷售地的產品，禁止在這日期之前提早上市）。

日本因為時差的關係，反而超越法國，成為全球第一個享用薄酒萊的國家。特別是在泡沫經濟時代，日本掀起一股薄酒萊風潮，更是當時媒體爭相報導的話題。

這股風潮至今未衰，一到薄酒萊新酒的解禁日，日本街頭仍有瘋狂採購的人潮。薄酒萊地區的葡萄酒大部分輸往國外，而且聽說以日本市場為主。

順帶一提，我有一次到巴黎剛好碰到這個解禁日，但巴黎並不像日本一樣，到處都有慶祝新酒出貨的活動。

除了薄酒萊以外，布根地的夏布利也是聞名世界的葡萄酒產地之一。這個地區位雖然地處布根地的邊緣，卻以白葡萄酒出名（見圖 2-10）。

遠從盤古開天的時代，夏布利就像是注定的釀酒寶地，當地的土壤與氣候特別適合

圖 2-10　夏布利所釀造白葡萄酒中最高級一款。

釀造乾型白葡萄酒。

侏儸紀時的夏布利是海底的一部分，因此造就出以牡蠣等貝殼化石為主的石灰質土壤。這個地區的土壤富含海底的礦物質，所以釀造出來的夏多內（Chardonnay）有其他產區難以比擬的濃烈酸味，而且餘韻極佳。

夏布利特別適合搭配牡蠣等海鮮飲用。冰鎮後的夏布利能夠去除海鮮的腥臭味，帶出淡淡的奶香，可以說是最佳拍檔。

順便一提，夏布利的葡萄園也有特級、一級、夏布利與小夏布利等四個等級。

另一方面，夏布利或小夏布利因為限制不那麼嚴格，以前曾因大量生產而降低葡萄酒的品質。但現今的品質已經全面提升，而且在國際上打下「夏布利的白葡萄酒」就是品質保證的名聲。

紅酒素養二

正確的試飲方法：S步驟

葡萄酒的味道由糖分、酒精、果酸、單寧與酒體等五大要素所構成。而要區分出這些個性或特色就需要試飲。

葡萄酒透過葡萄汁的發酵成為酒精，發酵後殘留的糖分就是葡萄酒的「甜味」。因此，凡是將糖分百分之百轉換為酒精的葡萄酒，稱為「乾型」。而糖分殘留較多的就是「甜型」，基本上，越甜的葡萄酒，酒精濃度也相對較低。

酸味，指的是葡萄中的蘋果酸與酒石酸。酸味較高的葡萄酒越冷越好喝。這是因為葡萄酒的溫度降低以後，清新酸味更能給葡萄酒帶來爽口感。

單寧則是葡萄的果皮與種子產生的多酚（polyphenol），呈現葡萄酒的乾澀狀況。不過，白葡萄酒不使用果皮，因此無須考慮單寧。

酒體是飲用者對於葡萄酒的結構、強度、厚重感或感覺等口感的呈現。

這些口感分為**飽滿**、**中等**與**輕盈**三種，而且是形容葡萄酒必用的名詞。葡萄酒商店的介紹或標籤上，一定有這些酒體的標示，消費者都能依此得知葡萄酒的特色。然而，酒體卻沒有一定的定義或標準。只有實際喝過以後才能傳達。以下列舉各個酒體的一些評語案例，供各位讀者參考。

●飽滿酒體（full bodied）

口感豐富且強而有力。單寧、糖分與口感厚重，顏色深沉、酒味濃郁，入口後酒香瞬間瀰漫。基本上，以卡本內・蘇維濃或希哈（Syrah）品種所釀製的葡萄酒為主。這些葡萄酒富含單寧與多酚，因此需要長期熟成。

●中等酒體（Medium）

簡單來說，就是介於飽滿與輕盈間的酒體。一般而言，桑嬌維塞（Sangiovese）或新世界的黑皮諾都屬於中等酒體。除此之外，飽滿酒體的葡萄酒在熟成後，也會呈現一種柔順的口感。

（按：葡萄酒的產區分成新、舊世界。舊世界指的就是歐洲傳統國家，包含法、義、德、西、葡，其風格採用原產地的釀造工藝及遵守嚴格的法規，並且追求表現當地的風土條件；新世界就是歐洲以外的葡萄酒生產國，歷史頂多只有兩百多年，沒有舊世界法規及工藝的束縛。）

● **輕盈酒體（light bodied）**

一般而言，葡萄酒的酒精濃度越低，單寧就越少，而且顏色相對清澈。葡萄以年輕的黑皮諾、加美或巴貝拉（Barbera）為主。這種酒體口感輕盈，沒有厚重的感覺。因為酒中的單寧含量較少，因此以儘早飲用型的葡萄酒居多。

葡萄酒的試飲步驟為觀察→嗅聞→啜飲。也就是英語的「S步驟」（The "S" Step）：觀察（See）、晃動（Swirl）、嗅聞（Sniff and Smell）、啜飲與漱口（Sip and Swish），以及吞嚥或吐出（Swallow or Spit），可參考左頁圖表。

在觀察這個步驟中，要確認葡萄酒的顏色、光澤或透明感。首先，將酒杯在白色背景下稍稍傾斜，觀察顏色的濃淡。以紅葡萄酒為例，年輕的葡萄酒呈現一種明亮的紫色，熟成以後漸漸轉為紅磚色。葡萄的品種也會影響葡萄酒的顏色，顏色的變化與差異正是享受葡萄個性的樂趣。

例如白葡萄酒可以從液體邊緣的顏色，看出葡萄酒的特色。白葡萄酒會隨著時間從青黃色逐漸變為淡黃色、檸檬黃、黃金色、麥芽色與琥珀色。

除此之外，在觀察的過程中，還應該確認葡萄酒是否混濁。只要看起來稍微混濁，就可能是劣化或氧化的徵兆。

其次是晃動，指透過各種角度確認葡萄酒的黏著性。酒杯內側殘留的酒滴越牢固，表示葡萄酒的黏著性越強，也就是酒精濃度越高。

當嗅聞酒的香味時，須將酒杯斜放，感受葡萄酒的香氣。酒香分為醇香與芳香兩種。凡是在發酵階段散發出葡萄原有香味的，稱為芳香（aroma）。葡萄酒發酵後，在酒桶或酒瓶內熟成時所產生的香味，稱為醇香（bouquet）。

各種葡萄酒都有不同的香氣，值得細細品味、玩賞。

經過以上步驟以後，接下來就是啜飲與漱口、吞嚥或吐出。此時，將一小口葡萄酒含在嘴裡，讓口腔整個

- 觀察（See）欣賞葡萄酒的顏色。確認是否混濁。

- 晃動（Swirl）搖晃酒杯，確認葡萄酒的黏著性。酒杯內的淚腳越明顯，表示黏著性越強，酒精濃度越高。

- 嗅聞（Sniff and Smell）傾斜酒杯品聞酒香，享受葡萄酒的不同香味。

- 啜飲與漱口（Sip and Swish）
- 吞嚥或吐出（Swallow or Spit）

利用舌頭感受甜味或酸味，牙齦感受單寧，體驗葡萄酒的味道。然後，一口喝盡，利用喉嚨深處感受酒精的濃淡，整體舌頭感受餘味的長短與口感等。

感受葡萄酒的味道。

舌頭的部位有各自的感知功能。例如舌頭的尖端感受甜味，兩側感受酸味，牙齦感受單寧，喉嚨深處感受酒精的濃淡，整體舌頭感受餘韻的長短與口感等。

第三章

兩大產地以外的最強「地方派系」

在法國的葡萄酒產地中，與波爾多、布根地同樣赫赫有名的還有香檳區。單從地名就不難猜想，這就是日本人相當熟悉的香檳酒的大本營。

凡是氣泡酒很容易誤解為香檳。事實上，只有在法國香檳區釀造，而且符合法律規定的葡萄酒，才能冠上香檳的名號。這個品牌受到嚴格的管制與保護，例如某法國知名品牌曾經出過一款名為香檳的香水，後來馬上被政府要求下架。

我以前曾看過加州的氣泡酒，在酒瓶上大剌剌的標榜著「香檳」，不過，現在市面也看不到了。其他像日本從明治初期便販售的碳酸飲料「香檳西打」或「軟性香檳」，後來也被禁止使用。

香檳的品質受到法國政府嚴格把關。例如香檳的釀造重點在於發泡，而**發泡的過程只限於瓶中的二次發酵**。所謂瓶中二次發酵，是指葡萄酒在裝瓶後，添加糖與酵母，讓它再次發酵以產生碳酸的發泡方法。除此之外，在葡萄酒裡加入碳酸，或在酒桶裡讓酒發泡然後裝瓶的方法，都不能稱為香檳。

再者，可以使用的葡萄品種（以黑皮諾、皮諾・莫尼耶〔Pinot Meunier〕與夏多內為主）、熟成期間、葡萄的收成量與最低酒精濃度等，都有嚴格的規定。

香檳之所以能成為一個品牌，就是經過層層關卡維護品質，透過徹底管理以守護聲譽。就連愛好葡萄酒的拿破崙也說過：「打了勝仗當然要開香檳慶祝。打輸了更少不得香檳。」他的這番話真是不無道理。

此外，香檳一定要在地窖經過長期熟成（見圖3-1），這也是香檳區的特色之一。

古羅馬時代的香檳區是一個採石場，因此地底挖出一個大洞。其中，甚至有一家酒坊為了確保儲存的空間，造出一條長達三十公里的儲存庫。這個地下空間的溫度一年到頭都在十二度左右，是最適合香檳熟成的溫度與溼度。

圖 3-1 香檳區的地窖 ©giulio nepi

香檳區獨特的管理方式，讓當地的種植或釀造方法都與其他地區稍微不同。

波爾多的酒莊都擁有自己的葡萄園，從種植到釀造一手包辦。

但香檳區中的專業農戶約有一萬六千家。而稱為「工坊」（maison）的香檳釀造廠只有三百二十家。

因此，有些工坊只使用自家葡萄園的葡萄；有些則透過合作社進貨。

除此之外，香檳的標籤上也須明白標示製造者屬性。例如標籤上小小的NM（Negociant Manipulant，貿易商香檳。指大部分的葡萄從專業農戶進貨）或者RM（Récoltant-Manipulant，獨立農莊香檳。使用自家農園種植與收成的葡萄）。

當然，除了釀造香檳的工坊以外，種植葡萄的農戶也會嚴格的管控，而且其控管項目高達二十幾項以上。例如葡萄收成後必須立即壓榨，葡萄枝須全部摘除，葡萄的一次與二次壓榨須明確區分等。

順帶一提，當地的土壤屬於石灰質，富含礦物質與鹼性物質，非常適合種植香檳品種。再加上，香檳區在幾百萬年前仍沉沒海底，所以礦物質比其他土地更為豐富。因此，才能釀造出香檳豐潤而且爽辣的特有風味。

為了不讓香檳的味道受到影響，葡萄農戶除了在這片土地上辛勤耕作之外，也竭盡全力維護香檳區的土壤、努力維護景觀、竭盡心力的提升環境品質。

此外，**大部分的香檳都看不到年分**，這是因為工坊習慣使用各種年分的葡萄混釀。香檳區規定只要不是一〇〇%使用該年分收成的葡萄，就無法在標籤上標示年分，所以香檳的標籤上才看不到年分。

帝國。之後，更陸陸續續買下歷史悠久的酒莊。

順帶一提，唐・培里儂最為人津津樂道的是，為了維護聲譽只選擇年分好的葡萄。這種維護品質的認真態度，正是該品牌讓世界名流愛不釋手的原因。

隆河區葡萄酒的投資潛力

接下來，我繼續介紹同屬法國知名葡萄酒產地的隆河區。該區位於法國東南方，這塊南北長達兩百公里、東西長一百公里以內的土地，放眼望去盡是葡萄園。事實上，隆河區的歷史極其悠久，是法國第一個釀造葡萄酒的產區。

隆河區的大規模釀酒歷史開始於十四世紀。在當時，位於隆河區南方的亞維濃（Avignon）有一個為期不長、僅僅七十年的羅馬教廷。

後來，隆河區南方成為天主教的中心，同時發展成葡萄酒產地而日漸繁榮。克勉五世（Clemens V）在一三〇九年就任為教皇並搬至亞維濃後，不少負責進貢的釀酒廠為了方便也搬來此處。亞維濃附近有一大片葡萄酒產地，被稱為教皇新堡（Châteauneuf-du-Pape）。

教皇新堡逐漸發展成為一個進貢葡萄酒給教皇的村莊，當地釀造的葡萄酒稱為「上帝眷顧的葡萄酒」。歷代擁有無上權利的教皇也以教皇新堡為中心，在隆河區南方擁有自己的葡萄園。隆河區便在這樣的歷史背景下，建立起釀酒技術，同時不斷的改進釀造技巧。而這些技術仍然傳承至今。

例如只要踏入隆河區，可以看到葡萄園裡到處都有大石頭（見圖3-3）。因為隆河區日夜溫差極大，自古以來農民就用大石頭為葡萄樹禦寒（按：石頭在白天吸熱升溫，夜

圖 3-3　隆河區的葡萄樹與禦寒的大石頭。
©Megan Mallen

晚就會向空氣中輻射熱量）。這種民間智慧代代相傳，歷經幾個世紀以後傳承至今。

隆河區雖然歷史悠久，而且擁有優良傳統，但名氣仍然無法與波爾多或布根地相提並論。即使如此，隆河區的葡萄酒還是有不少歐美的粉絲。

它的人氣在於葡萄酒會隨著熟成展現不同的風貌。年輕的隆河葡萄酒就像男性一樣，展現一種旺盛的口感。但隨著時間的熟成，逐漸轉化出如女性般的優雅樣貌。

隆河區的葡萄酒經過幾十年的歲月以後，散盡原有旺盛的口感，轉而替之的是高雅的風味。因此才能釀造出不輸給任何知名葡萄酒，豐富且妖豔的魅力。所以，才吸收這麼多粉絲，願意花大手筆購入年分佳的葡萄酒，然後靜待它的熟成。

除此之外，這個地區的葡萄單寧成分豐富，很適合葡萄酒長期熟成，也是高人氣的投資品項。特別是歐美的投資家習慣透過期貨交易，大量訂購隆河區的葡萄酒。他們在買下以後，都盡可能不挪動葡萄酒，讓這些酒在同一個地方安靜的保存，等到時機成熟了再拿出來銷售。

其實，隆河區的葡萄酒有一件值得驕傲的紀錄，那就是拍賣價格竟然越過羅曼尼・康帝。二〇〇七年九月倫敦舉辦的拍賣會中，隆河區北部艾米塔吉（Hermitage）村莊的一九六一年葡萄酒，竟然以一箱（十二瓶裝）十二萬三千七百五十英鎊（約新臺幣四百八十萬元）的高價成交（見下頁圖3-4）。

圖 3-4　1961 年產的艾米塔吉葡萄酒，其成交價打敗羅曼尼・康帝。

這個價格遠遠高於當時一九七八年產羅曼尼・康帝引以為傲的成交價——一箱九萬三千五百英鎊（約新臺幣三百六十三萬元）。

能在拍賣市場打敗羅曼尼・康帝的不是波爾多，也不是布根地，而是隆河區的葡萄酒。這件事件牽動所有業者的神經。大家忙著在世界各國搜尋各種隆河區年分最久的葡萄酒，特別是來自艾米塔吉村莊釀造的。

我曾到處拜託隆河區葡萄酒的收藏家們提供拍品。但有些人捨不得出讓，說這些酒還需要時間熟成；有些人則將自己收藏的二十幾箱葡萄酒一口氣讓出，結結實實的大賺一筆。

這個事件不僅讓刷新成交紀錄的艾米塔吉酒莊一躍成名，也讓隆河區的葡萄酒一時水漲船高。自從更新成交紀錄以來，隆河區中優秀的釀酒師或收成佳的年分都被列為葡萄酒的投資品牌。這個契機讓原本只在粉絲中交易的隆河葡萄酒，一下子麻雀變鳳凰，有了完全不同的市場地位。

一口便驚訝於他顛覆白蘇維濃的功力。

因為達格瑙，讓人們知道白葡萄酒有多麼深奧，同時也了解白蘇維濃品種的深不可測。

羅亞爾河地區還有一位

圖 3-5　迪迪埃・達格瑙的代表作——小行星（asteroid）。

跟達格瑙一樣崇尚自然耕種法的改革派。在法國西北部的城市南特（Nantes）到羅亞爾河七十公里處，有一產區叫做安茹・梭密爾（Anjou Saumur）。那裡有一個完全奉行自然農法的釀酒師奧利維耶・谷桑（Olivier Cousin）。他從種植葡萄到釀造葡萄酒的所有過程，都堅持不使用任何化學品。

一般說來，**即使通過有機認證的釀酒廠，多多少少也會用上一些藥劑預防葡萄酒氧化**。不用的話，葡萄酒就可以在裝瓶以後開始氧化或持續發酵，改變葡萄酒的味道。

不用防腐劑，谷桑釀造的葡萄酒有時候會有一些小氣泡，那就是葡萄酒發酵的證明。雖然發酵進展超乎預期，也會影響葡萄酒原有的風味，但足以顯現他對於自然的堅持（見下頁圖 3-6）。

貫徹自然農法的古桑當然靠馬匹耕種葡萄，就連送貨物也靠馬匹。因此，當地常常看得到馬車運送谷桑葡萄酒的情景。

谷桑對於自然的堅持，來自於祖父的教導。祖父堅持不用加工的釀造方法，例如不使用除草劑或化學肥料，利用人工採收與自然酵母發酵等，深深影響了谷桑。

當祖父離開人世以後，繼承葡萄園的他越加貫徹自然的能量。我想堅持的自然手法的他，今後一定是葡萄酒界獨一而二的存在、各界矚目的焦點吧。

圖 3-6 奧利維耶・谷桑釀葡萄酒採用自然農法，不加任何化學藥劑。

風起雲湧的粉紅酒革命

不知道有沒有人聽過「粉紅」葡萄酒（Rosé）呢？這種葡萄酒的顏色既不紅也不白，而是一種透明的粉紅色。

希臘在距今兩千六百年以前，就有粉紅葡萄酒了。只不過當時是將紅葡萄酒給做壞了。古時候的釀酒方法無法輕易的從黑葡萄中萃取色素，因此有時候做出來的葡萄酒會呈現粉紅色。雖然這些酒做壞了，但粉紅葡萄酒的單寧成分不多，喝起來應該清爽而且美味。

現今粉紅葡萄酒的釀造法大致分為三種。其一與紅葡萄酒一樣，從黑葡萄中萃取。然後在顏色變濃以前，移除果皮調整成漂亮的粉紅色。

其二像製造白葡萄酒一樣，採用不浸泡果皮的方法。壓榨葡萄時，果皮透露出來的色素會讓葡萄酒染上淡淡的粉紅色。

其三是黑葡萄酒與白葡萄酒混合的方法。這種方法不同於一般以為的紅白葡萄酒混在一起釀造。

釀造粉紅葡萄酒時，專家會根據產地，選擇上述方法釀造出不同的風格。粉紅葡萄酒在冰鎮後有一種爽脆的口感，帶著微微的果香與新鮮清爽的水果味。

事實上，粉紅葡萄酒正在世界各國引領風潮。特別是美國的發展更為戲劇性，甚至稱為「粉紅革命」（Rose Revolution），開啟新的時尚潮流。

一九九〇年代將粉紅葡萄酒稱為「淡紅酒」（blush wine，blush 指雙頰微紅的狀態），或「白金芬黛」（White Zin，指紅色金芬黛葡萄做出的帶甜粉紅酒）。當時定位為便宜的甜葡萄酒，因此採用紙盒或大保特瓶裝。

然而，近年來的粉紅葡萄酒卻顛覆過去的口味與形象。透過時裝雜誌或室內設計媒體的宣傳，鎖定過去與葡萄酒無緣的千禧世代（按：一般指一九八〇年代和一九九〇年代出生的人）的女性，虜獲她們的芳心。於是，「#yeswayrose」的主題標籤，便開始在各種社群網路中流行，吸引年輕世代的關注。

從美國粉紅葡萄酒的消費分布圖來看，不難發現關注度最高的地區是，紐約郊外的高級度假勝地漢普頓（Hampton）。其次依序是邁阿密海灘（Miami Beach）、馬里布（Malibu）。這些都是人人羨慕、風景秀麗、有錢人聚集的地方，對於時裝或流行特別敏感。

這些聚集在高級渡假勝地的新貴或在社群網有影響力的年輕族群，不管是坐在豪華遊艇，襯著波光粼粼的海面，一手握著時髦的酒瓶；還是站在棕梠樹下，酒杯在陽光穿透下閃閃發光的自拍照，都透過社群網路讓粉紅葡萄酒越來越有人氣。

聖誕節少不了粉紅香檳，而且浪漫的粉紅葡萄酒更是情人節的首選。因此這款葡萄酒可以說一年到頭，不分四季都有消費市場。

除此之外，好萊塢巨星的加入也助長粉紅葡萄酒的人氣。二〇〇八年，布萊德・彼特與安潔莉娜・裘莉買下位於法國南部的米拉瓦酒莊（le Château de Miraval），同時推出「夫妻倆」監製的粉紅葡萄酒。由米拉瓦酒莊出產的粉紅葡萄酒（見圖3-7），不僅是上流社會等級，而且真才實料，因此開賣不到一個小時便有六千瓶的佳績。

圖 3-7　米拉瓦酒莊釀造的粉紅葡萄酒。

最近，美國知名搖滾樂團邦喬飛（Bon Jovi）的主唱瓊・邦喬飛也推出自己設計的粉紅葡萄酒。他以愛好葡萄酒聞名，他監製的「跳進漢普頓河」（Diving Into Hampton Water），更在二〇一八年推出之後，馬上便成為美國最熱門的葡萄酒，且銷售一空。

目前各界矚目的粉紅葡萄酒產地中，最有名的應當首推位於法國東南部的普羅旺斯（La Provence）。這個地區面臨地中海，是世界知名的度假勝地，法國釀造的粉紅葡萄酒幾乎有四成都出自此處。

自從美國掀起粉紅葡萄酒熱潮以後，普羅旺斯的出口量在二〇〇一年幾乎成長五十倍。例如位於普羅旺斯的酒莊——蝶伊斯柯蘭堡（Chateau d'Esclans）的粉紅葡萄酒，二〇〇六年僅賣出一萬箱，但二〇一六年的銷售量卻高達三十六萬箱。其中的二十萬箱

圖 3-8　天使絮語

都出口到美國。

全球最受歡迎的粉紅葡萄酒，是該酒莊生產的天使絮語（Whispering Angel，見圖3-8）。這款葡萄酒的產量如鯉魚躍龍門似的，單單二〇一八年就賣出三百二十萬瓶。

美國消費量的驟增讓粉紅葡萄酒進入泡沫經濟期。我想美國的這股熱潮終究會流行到日本。或許不久的將來，日本到處也看得到粉紅葡萄酒。

美國心心念念的法國土地

法國南部的葡萄酒產地中，像隆河區或普羅旺斯一樣受矚目的還有隆格多克—胡西雍（Languedoc-Roussillon）。這個地區歷史悠久，算得上法國最大的葡萄產區之一。而且還是美國羅伯特・蒙岱維公司（Robert Mondavi）最想購買的法國土地。

美國企業的資金雄厚，因此在世界各地尋找具有潛力的土地，以便種植高級葡萄，推廣葡萄酒事業。其中，蒙岱維則陸續與海外酒莊攜手合作，開拓市場。

例如羅伯特．蒙岱維公司與木桐酒莊合作的「第一樂章」（Opus One），成功打造頂級加州葡萄酒的形象。與義大利老字號的佛烈斯可巴爾第（Frescobaldi）酒莊合資推出的「露鵲」（Luce），也因為新穎吸睛的標籤設計，而廣受市場歡迎。

蒙岱維資金雄厚，旗下擁有不少葡萄酒事業。自從一九九三年公開上市以後，該公司募集更多資金，因此正式進軍葡萄酒的大本營法國。

當時，蒙岱維看上的產區是隆格多克－胡西雍。法國南部的葡萄酒被視為「小老百姓喝的便宜貨」。但這片土地之所以受到羅伯特．蒙岱維董事長的青睞，卻是因為當地陽光充沛，以及土壤比其他產區都來得優渥。

起初，該公司為了法國市場，特別使用一〇〇%當地收成的葡萄，推出一款「Vichon Mediterranean」。然而，對於那些產區歷史悠久的居民而言，卻不歡迎美國大企業搶攻他們的市場。於是他的努力付之一炬，葡萄酒完全乏人問津，讓他損失慘重。

即便如此，蒙岱維董事長並不氣餒，反而積極的與當時的市長或政治家周旋，同時展開各種遊說活動。後來，他選擇在隆格多克－胡西雍的阿尼亞納村（Aniane）興建酒莊，對外發布進軍法國市場。

蒙岱維透過交際手腕，終於打開當地居民與農戶的心防，順利推展事業。

話說回來，蒙岱維在投資該事業時，碰到一個強勁的對手，那就是當地多瑪士・嘉薩酒莊（Mas de Daumas Gassac）莊主艾美・紀貝（Aime Guibert）。多瑪士・嘉薩酒莊的葡萄酒就像波爾多的頂級葡萄酒一樣，極有深度又不失細緻，平反了「法國南部的葡萄酒都是便宜貨」的汙名。

其實紀貝早在成立多瑪士・嘉薩時，便調查過當地的土壤性質與特色，因此清楚這片土地特別適合種植高級葡萄。當時，他便到處宣揚阿尼亞納村的潛力。

對於隆格多克—胡西雍的居民而言，是多瑪士・嘉薩酒莊為法國南部打造出優質葡萄酒的形象，也多虧紀貝當地的釀酒廠，阿尼亞納村產的酒才有機會行銷全世界。因此原本認為蒙岱維公司的投資能夠振興當地經濟的居民，開始慢慢的倒戈。後來「葡萄酒業會逐漸麥當勞化」、「蒙岱維就是侵略者」等言論深植民心，因此村民群起抵制，讓蒙岱維陷入四面楚歌的困境。

而壓倒蒙岱維的最後一根稻草，是地方議會選舉時，全面反對蒙岱維進駐的共產黨參選人曼努埃爾・迪亞斯（Manuel Dias）。他當選阿尼亞納村的村長以後，便駁回投資計畫。於是，蒙岱維公司進軍法國南部的美夢從此破碎。

然而，充足的日照、寬廣的土地與適合種植葡萄的優渥土壤，都是許多投資家與釀酒廠鎖定法國南部的理由。或許不久的將來會有第二個蒙岱維出現也說不一定。

歌德青睞的阿爾薩斯

在法國的葡萄酒產地中，最具特色的應該是阿爾薩斯（Alsace）。該區位於法國東北方，邊臨瑞士與德國交界之處。因為氣候陰涼，因此有九〇％都是白葡萄酒。釀製以麗絲玲、格烏茲塔明那（Gewürztraminer）、灰皮諾（Pinot Gris）與黑皮諾等單一品種為主，不進行混釀。

當地於六世紀末期開始釀造葡萄酒，也就是日耳曼民族大移動以後。進入中世紀時，透過當時的交通要道萊茵河將葡萄酒輸往歐洲各地。阿爾薩斯靠著種植葡萄、釀酒與銷售，讓葡萄酒事業蓬勃發展。

特別是阿爾薩斯的主教或修道院擁有特權，因此在葡萄酒的交易上，他們的條件比其他的釀酒廠有利而且利潤可觀。及至現今，我們從聳立在阿爾薩斯的史特拉斯堡（Strasbourg）或巍然屹立的聖母主教座堂（Cathédrale Notre-Dame），都不難想像當時的繁榮光景。

阿爾薩斯因為葡萄酒生意興隆，於是出現一批負責葡萄酒買賣、品質管理與鑑賞的業者（gourmet）。這個語源後來就成為我們所說的「美食家」。當時，這個美食業相當受歡迎，甚至讓阿爾薩斯在葡萄酒以外，還成為美食小鎮。

話說回來，法國大革命的爆發封鎖了萊茵河的交通，導致運輸量急速下滑。另外，德國與法國在世界大戰中，激烈的爭奪阿爾薩斯，也讓葡萄園四分五裂。因為如此，即使到現今，一個葡萄園仍然有好幾個釀酒廠。

這些歷史背景與阿爾薩斯歸德國所有，都讓當地葡萄酒帶點德國風味。例如，阿爾薩斯的酒瓶比較細長，就是受到德國的影響（見圖3-9）。

除此之外，阿爾薩斯最常見的「麗絲玲」品種也來自德國。世界上六〇%的麗絲玲都集中在德國。而法國使用該品種的只有阿爾薩斯。

其中，以麗絲玲為主的晚摘葡萄（Vendanges Tardives，簡稱VT）稱得上是阿爾薩斯的招牌。這種採摘手法為了提高葡萄酒的甜度，特意把應該收成的葡萄留在樹上，讓它晒乾。

除此之外，阿爾薩斯釀造的SGN（Sélection de Grains Nobles）葡萄酒也相當有名。

圖 3-9　阿爾薩斯多為瘦長形酒瓶
© Michal Osmenda

這是一款選用附著貴腐菌（noble rot）、糖分較高的葡萄所釀造的貴腐葡萄酒。雖然索甸的貴腐酒也聞名世界，但當地的葡萄以榭密雍與白蘇維濃為主，因此釀造出來的口味不同。

阿爾薩斯的溫貝希特（Zind Humbrecht）或韋因巴赫（Weinbach）都是傑出的釀酒廠，而且它們釀造的VT或SGN也廣受各界肯定。特別是一九九〇年豐收年分釀造的葡萄酒，更讓派克讚不絕口。

順帶一提，德國名詩人兼小說家歌德，也是阿爾薩斯葡萄酒的忠實粉絲。當他還沒沒無聞、窩居阿爾薩斯時，曾留下「沒有葡萄酒的餐桌，簡直天昏地暗」、「平淡如水的葡萄酒讓人生也變得無趣」等名言。他愛喝葡萄酒甚至愛到自己釀酒。

紅酒素養三

酒杯，影響口感

葡萄酒的魅力之一就是味道細緻而且複雜。同樣的葡萄酒也會因為熟成期間而呈現完全不同的味道，光把酒從瓶中倒入酒杯的短短幾秒，都可以讓味道產生變化。當然，搭配料理一起享用會改變葡萄酒的口感，倒酒時的溫度也會有影響。

為了充分展現葡萄酒的細緻，酒杯是一個需要注意的重點。

酒杯之所以有不同的設計，是因為杯子對葡萄酒的味道會產生極大的影響。根據葡萄酒的種類或葡萄品種，酒香、酒與空氣的接觸面積、酒溫或飲用方法等，味道也隨之不同。

例如紅葡萄酒的酒杯比白葡萄酒的酒杯大一輪，這是為了讓葡萄酒與空氣接觸，緩和單寧乾澀的味道；白葡萄酒的酒杯比較小，是避免溫度上升，讓飲用者在低溫的時候喝完。

葡萄酒除了有紅白之分，也會**因為產區或葡萄品種，而有各自適合的酒杯**。例如以卡本內・蘇維濃釀製成的酒，須選用長橢圓型的酒杯。這是因為卡本內・蘇維濃會產生濃厚的單寧，所以酒越與空氣接觸，越能散發葡萄酒與葡萄的特色，在飲用之前增加與空氣接觸的時間，能讓葡萄酒更香醇美味。

另一方面，黑皮諾是一種細緻又複雜的葡萄酒，得使用弧度較大、杯口較窄的圓型杯。因為這種造型的酒杯，可以擴大葡萄酒與空氣接觸的面積，杯口小一點可以包覆酒香不容易外散。最近還出現一款新造型，就是杯口不變，但加大杯肚的尺寸。

白葡萄酒用的杯口沒有那麼窄小，是為了飲用時，讓葡萄酒瞬間在嘴裡散開，方便飲用者用舌頭兩側感受葡萄酒的酸味。

特別像蒙哈榭般酸味不那麼濃烈的白葡萄酒，適合選用杯口寬廣的酒杯。當葡萄酒包覆舌頭時，飲用者可以充分感受一股柔和的酸味與果香、牛油或奶油味等口感。

另一方面，酸味獨特的夏布利或礦物質豐富的夏多內，則適合杯口窄小的酒杯，避免讓舌頭的兩側直接接觸葡萄酒，以免酸味的刺激。

喝麗絲玲時，選用能夠平衡感受酸味、果香與苦味的造型，酒杯的造型要能夠在飲用後，葡萄酒從舌尖往舌頭中央流動，以便感受果香。此外，麗絲玲的酒杯與夏多內一樣，都是避免飲用者受到酸味刺激。

其他的葡萄酒，像是香檳的酒杯就以長笛型（flute）為主。這種造型最能展現香檳的特色，讓氣泡從杯底華麗登場。此外，還有一種日本比較少見的香檳杯，那就是寬口

紅葡萄酒

卡本內・蘇維濃釀造的酒

延長葡萄酒喝入口中的時間，展現香醇口感。適合波爾多的紅酒。

黑皮諾釀造的酒

杯口窄小以包覆住細緻的酒香。亦稱為布根地杯。

白葡萄酒

夏多內、麗絲玲

基本上，白葡萄酒的酒杯為了感受酸味，杯口無須過小。
但酸味濃烈的夏多內或麗絲玲，卻需要選擇窄口杯以降低舌頭兩側受到酸味刺激。

香檳酒

笛型杯

展現香檳的特色，讓氣泡從杯底華麗登場。

碟型杯

歐美傳統的香檳杯。

碟型杯（coupe）。

近來流行的粉紅葡萄酒，一般習慣使用白葡萄酒的酒杯。其實，這款酒走休閒路線，因此不用特別講究酒杯才符合它的本意。

第二部

產量高居世界第一——義大利美酒，自己人喝最多

第四章

入門者的首選，搭配料理更美味

世界上能夠與法國葡萄酒相提並論的國家，應該只有義大利了。義大利跟法國一樣，最初因古羅馬人將葡萄酒傳到各國，使葡萄酒成為現今一種世界共通的飲品，這點是義大利人無上的驕傲。

義大利葡萄酒的產量高居世界第一，甚至超越傳統大國的法國，出口量也名列世界第二。根據二〇一七年的資料顯示，義大利葡萄酒的產量與出口量，從平民百姓到上流社會，各種不同等級的葡萄酒銷往世界各地，其中又以美國為主。

義大利的所有行政區都有釀酒事業，而且依照當地的土壤、氣候，各自發展出不同風味的酒。此外，在義大利悠久的歷史中，因不斷上演小國分立與對抗的戲碼，所以各個地方、地域或城市的文化和歷史背景，都有極大的差異。因此，每個地方本土意識強烈，各有各的風俗習慣與飲食文化，葡萄酒的種類也相對較多。

比起法國種植的葡萄品種僅有一百多種，據說在義大利種植的葡萄，就有兩千多種固有品種，由此可見兩者的規模可說是天差地別。義大利的最大賣點就是，葡萄的多樣性足以釀造出經濟實惠或頂級尊貴等各種不同的葡萄酒，滿足市場需求。

順帶一提，在義大利喝葡萄酒時，一般來說沒有那麼講究規矩。有一次，我路過托斯卡尼某間小餐館時，竟然看到櫃檯上隨意放著葡萄酒與塑膠杯。好像在跟進門的客人說：不要客氣，自己來。

■ 義大利行政區劃

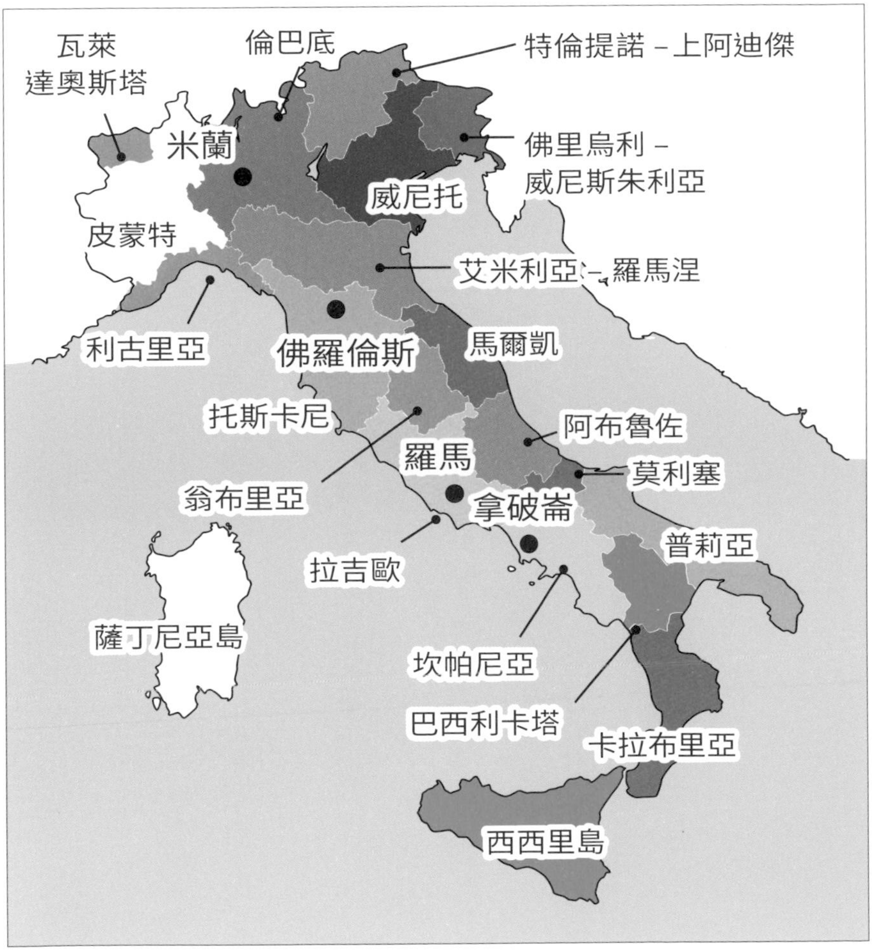
瓦萊
達奧斯塔
倫巴底
特倫提諾－上阿迪傑
米蘭
佛里烏利－
威尼斯朱利亞
威尼托
皮蒙特
艾米利亞－羅馬涅
利古里亞
佛羅倫斯
馬爾凱
托斯卡尼
阿布魯佐
羅馬
莫利塞
翁布里亞
拿破崙
普莉亞
拉吉歐
薩丁尼亞島
坎帕尼亞
巴西利卡塔
卡拉布里亞
西西里島

於是，我便嘗試搭配起司、生火腿與蔬菜，用塑膠杯喝葡萄酒。沒想到還真不錯，當地的新鮮食材與葡萄酒真的是絕配。

其實，這就是義大利葡萄酒的特色與大器的一面：只要掌握ＴＰＯ三原則（time place occasion，即時間、地點與場合），有時就不需要拘泥於酒杯或喝法。

輕飲型的義大利葡萄酒已深入美國市場。以紐約等東海岸為例，除了自家的加州葡萄酒以外，最受歡迎的就是義大利葡萄酒。或許這與紐約或波士頓有一大群義裔或移民有關，但重要的是，**義大利葡萄酒有自己的特殊個性，而且滑順潤口**才是獲得市場青睞的主因。

不管哪一種義大利葡萄酒都容易入口。即使是入門者也能沒有心理壓力的輕鬆享用。事實上，不少紐約客在面臨抉擇時，他們的首選都是義大利葡萄酒。

但不可否認的，義大利葡萄酒的優勢卻極有可能被法國迎頭趕上。義大利的服飾與汽車或許獨占世界鰲頭，但葡萄酒卻不是那麼一回事。

義大利的分級標準

義大利存在許多無法締造世界知名品牌的原因，而且都與它的大器有關。

前文提過，法國對於葡萄酒的規範相當嚴格，例如政府透過ＡＯＣ法監控與保護葡萄酒的品質與品牌。此外，布根地的葡萄園與波爾多的酒莊，都各有各的分級制度，藉由層層把關才得以確保葡萄酒的品質。

其實，義大利也有法定產區餐酒制度，義大利將產區分為四個等級，符合最嚴格標準的產區是保證法定產區葡萄酒（Denominazione di Origine Controllata e Garantita，簡稱ＤＯＣＧ）、接下來依序是法定產區葡萄酒（Denominazione di Origine Controllata，簡稱ＤＯＣ）、地區餐酒（Indicazione Geografica Tipica，簡稱ＩＧＴ）與日常餐酒（Vino da Tavola，簡稱ＶｄＴ）。現在列為ＤＯＣＧ等級的有七十四個產區，而ＤＯＣ約有三百三十個。

順帶一提，歐盟於二〇〇九年開始實施新的葡萄酒法，因此，義大利政府便修訂了部分內容：將ＤＯＣＧ與ＤＯＣ統一為原產地保護證明（Denominazione di Origine Proteeta，簡稱ＤＯＰ）。事實上，目前市面上的葡萄酒還是以ＤＯＣＧ或ＤＯＣ標示居多，因此，在挑選義大利葡萄酒時，對於新舊法規都要有一定的概念（見下頁圖）。

雖然，義大利國內有法定產區餐酒制度，但與法國相比，分類較為曖昧。即使列入ＤＯＣＧ的產區，也不一定能保證酒的品質。這種曖昧的區分讓品質不佳的葡萄酒也可以出貨，甚至有些產區因此砸了自己的招牌。

■義大利葡萄酒的新舊分級制度

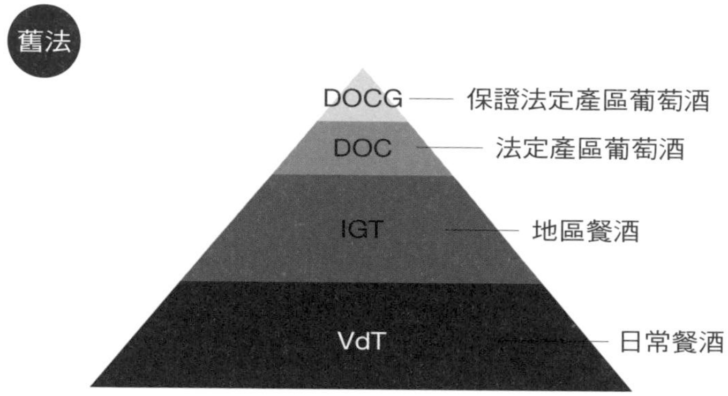

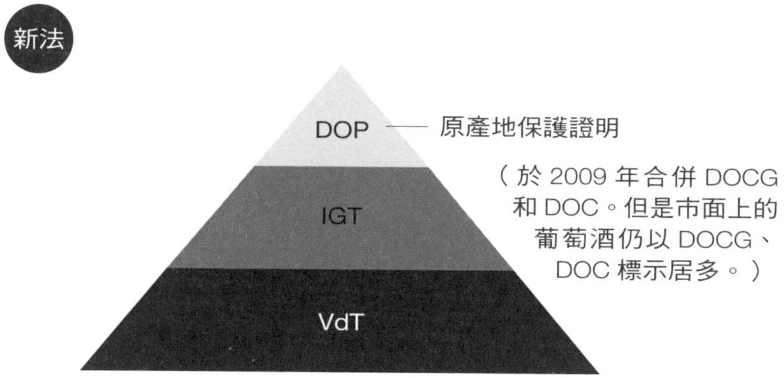

此外，因政治的介入也讓 DOCG 產區隨便增加，而引發釀酒廠的不滿。於是，原本取得 DOCG，就代表有政府背書，由國家保證品質，現在反而讓許多釀酒廠不覺得有吸引力。甚至有人不拘泥於分級制度了。

上述原因導致義大利無法維護葡萄酒的品質與品牌，也是落後法國的一大理由。即使如此，樂天隨和的民族性讓義大利葡萄酒也有好的一面。

義式佳餚與美酒的絕配

義大利葡萄酒之所以不像法國，有那麼多知名品牌，其實與它的風格有關。法國葡萄酒是王公貴族的最愛，但義大利葡萄酒則是深獲小老百姓支持。因此，釀造上是產量重於品質。畢竟義大利葡萄酒本來就不是主攻外銷，而是幾乎都以內需為主。

相對於法國葡萄酒著重於與宮廷料理的搭配，義大利的葡萄酒大都搭配地方特色濃烈的義大利菜。

甚至有人用「雞生蛋，蛋生雞」（The chicken or the egg.）來形容義大利葡萄酒與料理的關係。義大利的地形與日本一樣，屬南北狹長，因幅員廣大而發展出各具特色的鄉土料理。及至現今，業界還在爭論義大利的家鄉菜是為了葡萄酒而生，還是葡萄酒為了家鄉菜而釀造。

例如地中海中央的薩丁尼亞島（Sardinia），因為當地盛產沙丁魚（sardine），便以此為島名。當地的家鄉菜以海鮮為主。為了搭配魚類料理，薩丁尼亞島以白葡萄酒為主流。用一〇〇%薩丁尼亞島固有的葡萄品種維蒙蒂諾（Vermentino）釀造出來的葡萄酒搭配海鮮料理，只能用天作之合來形容。

特別是有些葡萄酒會讓沙丁魚吃起來更腥，但**搭配維蒙蒂諾葡萄酒一起享用的話，卻能巧妙的導引出沙丁魚的香氣**，達到相乘效果。例如，日本的柳葉魚也是公認最難搭配葡萄酒的食材。不過，各位不妨試看看維蒙蒂諾白葡萄酒。我相信一定能夠感受到柳葉魚的香甜與柔軟的口感。

除此之外，義大利南部還有一個四面環海的西西里島。當地的料理習慣用番茄等蔬菜與新鮮海鮮搭配。世界上再也找不到其他葡萄酒，比當地釀造的酒更適合西西里島的家鄉菜了。這些葡萄酒雖然價格不高，但與當地的家鄉菜一起享用，卻是美味可口、無可挑剔的珍品。

另一方面，義大利北部的料理以肉類為主，當地的葡萄酒也配合家鄉菜，而展現出不同的風格。

例如位於阿爾卑斯山腳下的皮蒙特（Piemonte），為了對抗嚴寒的氣候，當地的料理大都是肉類、乳製品或燉煮料理。這些口味較重的料理搭配當地濃烈的葡萄酒，也是無話可說的組合。

皮蒙特以生產白松露聞名，在肉類、奶油義大利麵或義大利燉飯上，撒上大量的白松露，最能夠突顯出它的風味與香氣。而最適合白松露料理的酒，也非當地釀造的紅葡萄酒巴羅洛（Barolo）莫屬。

誠如我上面介紹的，義大利南北方的居民有各自的生活型態與習慣，因此葡萄酒的味道或風格也才會截然不同。

除此之外，義大利各地也有不同類型的起司。享用的時候，不妨搭配當地的葡萄酒試試看。

艾米利亞─羅馬涅（Emilia-Romagna）以生產帕馬森起司（Parmesan cheese）聞名，當地有一種酒精濃度較低、微甜的氣泡酒——藍布魯斯科（Lambrusco）。冰鎮後的**藍布魯斯科，搭配略帶鹹味的帕馬森起司**再合適不過。此外，當地也盛產生火腿，飯前來一盤生火腿與小塊的帕馬森起司，再加上藍布魯斯科，這種吃法已經成為當地用餐模式。

威尼托（Veneto）是義大利的政區之一，這裡製造的艾斯阿格（Asiago）起司，質地半軟不硬，味道不重，可以說是義大利餐餐必備的國民起司。艾斯阿格起司適合日常型、個性不強的葡萄酒。義大利人習慣搭配同樣出自於威尼托的氣泡酒普羅賽克（Prosecco），當作家常菜享用。

皮蒙特兩大巨頭

提到義大利的葡萄酒產地，最具代表性的莫過於皮蒙特與托斯卡尼。特別是皮蒙特高居義大利葡萄酒產地之冠，而且DOP的數量也是義大利第一。皮蒙特的產區中高達九〇%都通過DOP認證，可以說是高級葡萄酒的釀酒專區。

在這些的高級釀酒區中，又屬位於朗格（Langhe）的巴羅洛村以及巴巴瑞斯科（Barbaresco）村最為有名。

巴羅洛村早在三千年以前就釀造葡萄酒。聽說第一個在這塊土地上釀造葡萄酒的是，率領羅馬軍隊的凱撒大帝。巴羅洛葡萄酒本來就是凱撒的最愛。聽說他打完高盧戰爭以後，會從巴羅洛村蒐羅一大批葡萄酒帶回羅馬。

巴羅洛葡萄酒的品質開始出現驚人進步，應該追溯到義大利統一時的十九世紀。當時，掀起義大利統一運動的領導人加富爾（Cavour）伯爵邀請法國學者，來巴羅洛村幫忙改良當地的葡萄酒。於是打下現今巴羅洛葡萄酒的基礎，而且歷久不衰。

一七八七年，在美國總統湯瑪斯・傑佛遜的宣傳下，才讓整個歐洲注意到巴羅洛葡萄酒的存在。傑佛遜當時跑遍歐洲，試過各種葡萄酒，因此極具影響力。凡是受到他青睞的葡萄酒，總是一傳十，十傳百。對於巴羅洛的葡萄酒，他的評語是：「**有波爾多的滑順，又有香檳般活潑。**」於是，巴羅洛在歐洲一夕成名。

巴羅洛葡萄酒有「酒中之王，王者之酒」（The King of Wines, the Wine of Kings）的美譽，香味芳醇且力道強勁，不是其他葡萄酒能輕易模仿的珍品。

在法國，藍紋型的青黴起司習慣搭配香甜的貴腐葡萄酒。特別是香甜濃郁的索甸貴腐酒最為合適。皮蒙特也生產藍黴起司的拱佐諾拉（Gorgonzola）起司。這種起司適合搭配不受食材影響的巴羅洛或巴巴瑞斯科葡萄酒。

順帶一提，能夠冠上巴羅洛葡萄酒的，只能是使用當地DOCG產區收成的內比奧羅（Nebbiolo）品種。

此外，內比奧羅在熟成方面也有嚴格的規定，例如一般的巴羅洛需要三十八個月熟成，巴羅洛珍藏（Barolo Riserva）需要六十二個月（在義大利，珍藏代表長期熟成）。

一般的巴羅洛收成四年以後才能銷售。珍藏版則至少六年，對於釀造廠來說是一個不小的資金負擔。加上當地不像波爾多有期酒交易，因此巴羅洛珍藏的釀酒廠不僅少之又少，而且產量也不多。

即使經過長期熟成好不容易可以出貨了，還得花四、五小時醒酒（按：讓酒接觸空氣，加速葡萄酒中香氣綻放），否則無法展現真正的巴羅洛風味。在這樣的千辛萬苦下，巴羅洛才能釀造出其他葡萄酒無可比擬，旺盛、豐富又複雜的口感。經過漫長的熟成，這款葡萄酒終於蛻變成酒之中王。

話說回來，最近有些巴羅洛葡萄酒不需要長期熟成。那是由一群獨特風格，號稱近代派巴羅洛男孩（Barolo Boys）所推出的葡萄酒。

近代派釀造的巴羅洛無須長期熟成，呈現出年輕、新鮮的口感。只要推出就能夠立馬飲用的型態，更符合現今的時代潮流，因此在年輕族群中廣受歡迎。

長期熟成的穩重傳統派與新鮮年輕的近代派各自表現，和平共存的風格，正是巴羅洛葡萄酒的吸引力所在。

另一方面，巴巴瑞斯科的名氣雖然比不上巴羅洛，但也是紅葡萄酒的專屬產區。要冠上「巴巴瑞斯科」的葡萄酒，與巴羅洛一樣，只能使用一〇〇％的內比奧羅品種。

巴巴瑞斯科素有「義大利葡萄酒之王」的美譽，出自於義大利知名釀酒師安傑羅・歌雅（Angelo Gaja）之手。歌雅家族自十七世紀半起發跡，目前第四代的安傑羅以打破常規及創新聞名。例如在義大利傳統的葡萄酒產地種植法國品種，或設計標新立異的酒名等。

一九七八年，歌雅突然**將葡萄園裡的內比奧羅部分剷除，改種法國品種的卡本內・蘇維濃**。當時的義大利，特別是皮蒙特將法國視為葡萄酒的敵手。因此當地堅持使用義大利固有品種，貫徹獨特的釀酒製法。在那種時空背景下，歌雅卻將園區內種植了法國品種的葡萄。

而最震驚的應該是他父親喬凡尼（Giovanni）了。他甚至脫口而出：「可恥啊！（Darmagi!）」於是，歌雅便將他父親的感嘆作為葡萄酒名，醞釀出以卡本內・蘇維濃品種為主的達瑪姬（Darmagi）。

達瑪姬沒有使用皮蒙特規定的葡萄品種，因此無法標示DOCG巴巴瑞斯科，當時甚至連DOC都不能標示。後來因朗格DOC法規放鬆，所以現在能看到以DOC朗格的名義上市。達瑪姬的出現與成功，顛覆了巴巴瑞斯科紅葡萄酒只能種植內比奧羅的傳統觀念。

除此之外，一九六〇年代，歌雅也在巴巴瑞斯科推出全球首創的單一園區葡萄酒（指使用同一個區劃葡萄所釀造的葡萄酒）。

他從自家的葡萄園當中，挑選出三個特別有個性的土地，並規劃為單一園區，分別是索利聖羅倫佐、索利提蘭登與科斯達露西（見下頁圖4-1）。

而且，一九九六年以後生產的葡萄酒，除了都使用單一園區中的內比奧羅品種以

圖4-1　歌雅降低等級後的「DOC朗格」系列酒。從右至左分別是：索利提蘭登（Sori Tildin）、索利聖羅倫佐（Sori San Lorenzo）、科斯達露西（Costa Russi）、康泰薩（Conteisa）、達瑪姬與思沛（Sperss）。

外，還加入五％的巴貝拉。因此歌雅的單一園區系列就無法冠上DOCG。

雖然無法分到最高等級，但歌雅絲毫不在意沒標示DOCG。他甚至降低等級，以DOC朗格的名義上市。能夠捨去DOCG巴巴瑞斯科的頭銜，堅持信念、勇敢追求自我風格，才是歌雅的葡萄酒哲學。

歌雅在巴羅洛開闢的思沛與康泰薩同樣屬於單一園區，歌雅也在這些葡萄酒裡加入一〇％的巴貝拉，然後以「DOC朗格」的名義銷售。

但自歌雅的女兒繼承家業以

後，自二〇一三年起，單一園區又全部改回一〇〇％的內比奧羅品種，雖然這樣能重新掛回 DOCG 的標示，但新任女莊主卻改以歐盟 DOP 標示。

都是名氣惹的禍——奇揚地

義大利還有另外一個代表性的葡萄酒產地是托斯卡尼。這個地區與皮蒙特並駕齊驅，同樣是高級葡萄酒的產地，皮蒙特的葡萄酒就像布根地，大都使用單一品種的葡萄。但托斯卡尼特別的是，像波爾多一樣，習慣使用多種葡萄混釀。

世上最有名的托斯卡尼葡萄酒首推位在托斯卡尼的奇揚地（Chianti）。在義大利的葡萄酒產地中，奇揚地的歷史特別悠久。根據記載，當地早在西元前就開始種植葡萄，到了中世紀葡萄酒的釀製已經盛行。佛羅倫斯的富豪或貴族都是他們的大客戶，當地自古以來便是一個繁榮的釀酒產地。

奇揚地在一九八〇年代席捲日本，造成當時的熱門話題。我想不少日本人應該還記得它獨特的草編造型（Fiasco，見下頁圖 4-2）。

從托斯卡尼開始，中世紀大都採用這種包覆乾草的酒瓶，在一般的酒瓶流行以前，這種草編造型是市場主流。十五世紀的托斯卡尼繪畫中，也經常出現這種酒瓶。後來，奇揚地便複製這種獨具特色的酒瓶作為行銷策略。

獨特造型酒瓶吸引了日本商人的目光而大量進口，但由於酒瓶形狀過於特殊，反而不容易運送，即使擺在店裡也很占空間，因此遲遲無法打開市場。或許該公司的行銷策略忽略了現今追求單純的市場潮流。

不過，即使到現在只要說起奇揚地，就讓人想起包著乾草的酒瓶，就市場行銷而言，也可以說策略奏效。

奇揚地也曾因經出過劣質品，而砸了自己的招牌。事實上，早在文藝復興時代，奇揚地就在世界各國享譽名聲。可惜因為太受歡迎，於是自古以來市面上就有假貨流通。

在一七一六年時，市面上無法無天的「假奇揚地」讓托斯尼卡大公科西莫三世（Cosimo III）倍感威脅，便想透過清楚劃分奇揚地的葡萄產區，來挽救名聲。

圖 4-2　奇揚地葡萄酒為草編型酒瓶。

然而，在當時只要掛上奇揚地三個字就可以高價賣出。於是，那些在界限外圍的老釀酒廠就想辦法拓寬產區的界限，或掛羊頭賣狗肉，也就是直接標上奇揚地三字，所以假奇揚地充斥市場的狀況一直不見改善。

除此之外，界限內的某些釀酒廠也會因為這個招牌太好用，所以偷工減料，讓品質一落千丈。

為了遏阻這些情況，當地政府便於一九三二年，將當初區劃的產區稱為「經典奇揚地」（Chianti-Classico），而後來放寬範圍的稱為「奇揚地」。換句話說，只有自古以來釀造奇揚地的產區才能稱為經典奇揚地，以便與市面上劣質品區隔。

此外，經典奇揚地於一九九六年取得DOCG認證，因此能夠冠上經典奇揚地的葡萄酒，都符合葡萄品種、混釀率與熟成期間等各項獨特的規範。接著在二〇一二年，政府嚴禁在經典奇揚地的產區生產一般的奇揚地，於是市場區隔越來越明顯。

順帶一提，經典奇揚地的酒瓶上都有一個「黑公雞」的標記（見下頁圖4-3），其實背後隱藏一個有趣的小故事。

話說中世紀的佛羅倫斯與西恩納（Siena）是兩個不同的國家。他們為了決定國界，於是各自派遣騎士從自己的國家出發，雙方遇上的那個地方就是兩國的交界。出發時刻以公雞清晨的第一個啼叫為主。於是，西恩納選擇白公雞，而佛羅倫斯則選擇了黑公雞。

佛羅倫斯故意不給飼料，餓了一整天的公雞天還沒亮就開始啼叫，於是佛羅倫斯的騎士便箭一般的策馬疾奔。

提早出發的佛羅倫斯騎士跑啊跑的，幾乎跑到西恩納才停下，從此奇揚地的大部分土地都成為佛羅倫斯共和國的領土。

就這樣，佛羅倫斯選擇的黑公雞便成為經典奇揚地勝利的標誌。直到現今，這個黑公雞仍然是經典奇揚地獨享的記號。

圖 4-3　經典奇揚地特有的黑公雞標誌。

收藏家的最愛——超級托斯卡尼

近年來，托斯卡尼出現了被稱為「超級托斯卡尼」（Super Tuscan）的高級葡萄酒，正引起各界關注。超級托斯卡尼在一九九〇年開始生產時，不像巴羅洛或巴巴瑞斯科一樣有特定的產區名稱。

超級托斯卡尼指的是「不受托斯卡尼法律規範的葡萄酒」，這款酒可以不管義大利葡萄酒法對於品種或釀製的規範，只以追求最高品質為目標。它的味道類似加州的高級葡萄酒。美國現在正興起一股空前的超級托斯卡尼熱潮。

其中，薩西凱亞（Sassicaia）更是超級托斯卡尼的先驅（見下頁圖4-4）。一九四〇年代，薩西凱亞從波爾多的拉菲酒莊分到一些卡本內・蘇維濃的葡萄藤，然後種植在自家的園區上。

法國品種的葡萄對於當時的義大利而言，是一大禁忌。但薩西凱亞並不把這些批評或中傷放在眼裡，反而試著用法國品種生產義大利葡萄酒，而且在市面上行銷。

義大利葡萄酒等級的基本條件是「使用當地的葡萄品種」。於是，薩西凱亞的葡萄酒便被歸列為與品質無關的VdT。

然而，薩西凱亞的風評越來越好，於是那些不拘泥於分級的釀酒廠也紛紛跟進，各自發揮創意，追求真正美味可口的葡萄酒。

這個趨勢的轉變要歸功於海外對薩西凱亞的高度評價。

一九七八年，薩西凱亞獲選為英國權威葡萄酒雜誌《品醇客》（*Decanter*）的「年度最佳卡本內・蘇維濃」。

一九八五年產的薩西凱亞榮獲美國葡萄酒評論家羅伯特・派克百分滿點的殊榮。這是義大利葡萄酒的大獲全勝，頭一次獲得派克滿分的評價。當初一九八五年產的薩西凱

圖 4-4　超級托斯卡尼的先驅薩西凱亞。

亞一瓶只要幾千日圓，現在卻高達三十萬日圓（約新臺幣八萬六千元）以上。

薩西凱亞雖然是日常餐酒等級，但卻獲得最高評價，於是成為義大利葡萄酒新運動超級托斯卡尼的象徵。

隨著這股風潮，一九八七年獲得殊榮的是馬賽特（Masseto）。這是義大利新興的歐瑞納亞（Ornellaia）酒莊使用一〇〇%法國梅洛品種所釀造的葡萄酒。馬賽特同樣獲得派克極高的評分。例如二〇〇六年產的馬賽特榮獲派克的百分評比，現在已經是拍賣會中難得一見的珍品。在二〇一八年舉辦的香港拍賣會中，不管是二〇〇七年或二〇〇八年產的馬賽特（見圖4-5），都以一箱（十二瓶裝）十一萬六千八百五十港幣（約新臺幣四十六萬元）的高價成交。

在眾多評論家的加持下，超級托斯卡尼開始進軍美國市場，而且一舉成功。美國的消費者並不在乎傳統的釀造法，反而將為了貫徹獨特風格，放棄等級的超級托斯卡尼，

圖 4-5　2008 年的馬賽特榮獲派克的滿點評分。

當作英雄崇拜。

二〇〇五年，佳士得為了慶祝歐瑞納亞（Ornellaia）推出二十週年，因此舉辦一場拍賣會。在那時，超級托斯卡尼便極受好評。拍賣會前夕有一個馬賽特的試飲會，會場中聚集梅洛葡萄酒重鎮的彼得綠堡與樂邦的收藏家，讓他們嘗試同樣梅洛釀製出來的馬賽特。

所有試飲過的收藏家都感到驚為天人。這款酒有美國人喜歡的旺盛又豐富的口感，同時又不失細緻。原本偏好法國葡萄酒的他們，一下子就被這種新鮮感給擄獲了。第二天的拍賣會中不少人專為馬賽特而來。當然，最後的成交價格也高出預期許多，而現今的價格更是當時的三倍。

超級托斯卡尼之所以能夠一舉成名，在於成功虜獲美國市場。馬賽特靠著美國的龐大市場讓實力突飛猛進的成長。及至現今，馬賽特仍是義大利葡萄酒中打破常規，成交價最高價的葡萄酒。

一場蟲害，卻讓麻雀變鳳凰

在義大利葡萄酒產地中，以托斯卡尼的蒙塔奇諾（Montalcino）最為蓬勃輝煌發展。當地從十四世紀開始釀造葡萄酒，雖然歷史悠久，卻沒有引以為傲的品質，因此缺乏國際市場。長期以來，蒙塔奇諾的釀造廠只提供當地消費者嗜好的葡萄酒。

然而，碧安帝・山迪（Biondi Santi）公司卻在這片土地大刀闊斧的改革，推出蒙塔奇諾・布魯內洛（Brunello di Montalcino）。十九世紀中期，由於葡萄根瘤蚜蟲（Phylloxera）災害席捲歐洲，產區蒙塔奇諾也遭到肆虐，碧安帝・山迪的葡萄園則幾乎全毀。

當時的莊主費魯奇奧・碧安帝・山迪（Ferruccio Biondi Santi）發現園區中的桑嬌維賽**品種發生異變**。變種後的葡萄與過去的桑嬌維賽相比，濃縮的精華讓果香味更加濃郁，不僅酸味或單寧成分豐富，而且有一種不可言喻的平衡感。

費魯奇奧便想：「蒙塔奇諾如果損失慘重，唯有靠這個變種的葡萄，才能東山再起！」而後著手新品種的研究、培育與種植。

但話說回來，這個新品種需要長期熟成，無法立即出貨。因此對於那些手頭較緊，需要馬上回收資金的釀酒廠就不太合適。於是，大部分的釀酒廠放棄栽培新品種，選擇遠離 蒙塔奇諾這片土地。

然而，仍有少數釀酒廠願意留下來研發新品種，嘗試釀造葡萄酒。漸漸的，這個新品種便在蒙塔奇諾打出名聲。之後，這個新品種命名為布魯內洛。

在各界的關注下，一九六〇年的蒙塔奇諾只有十一家釀造廠，如今已經擴展到兩百五十家，成為世界數一數二的葡萄酒產地。因蒙塔奇諾培育出不少知名、風格獨具的釀酒廠，所以全球的收藏家都火眼金睛的盯著這個產區。

其中，特別受到矚目的是卡薩諾瓦酒莊（Casanova di Neri）。因為在二〇〇六年，該酒莊在具權威性的葡萄酒品鑑會成功奪得冠軍，從此一舉成名。

這個品鑑會是美國葡萄酒雜誌《葡萄酒鑑賞家》（*Wine Spectator*）所舉辦的一年一度盲品大會。透過嚴正且公平的審查方法，挑選世界前一百大的葡萄酒。這個審查結果在業界極具公信力。因此，每年都會出現麻雀變鳳凰的奇蹟。

而卡薩諾瓦酒莊，就是用二〇〇一年產的新莊園蒙塔奇諾—布魯內洛（Brunello di Montalcino Tenuta Nuova），榮登二〇〇六年品鑑會寶座。因卡薩諾瓦酒莊在品鑑會上獲得一致好評，所以一夜之間成為義大利最具代表性的釀酒廠。

另外，綻放異彩的卡賽巴塞（Case Basse）是一間固執、堅守哲學理念、專門釀造新莊園蒙塔奇諾—布魯內洛的酒廠。卡賽巴塞創於一九七二年，莊主詹弗蘭科・索德拉（Gianfranco Soldera）原本任職於保險公司，但秉持著對葡萄酒的熱情，買下位於蒙塔奇諾的卡賽巴塞。

卡賽巴塞葡萄酒堅守獨特的哲學理念，注重環保，從種植到釀造貫徹有機製程，因此打響高級葡萄酒的名聲。

然而，就當這個品牌在二〇一二年以高級葡萄酒的姿態順利推廣的同時，酒莊卻遭遇了無妄之災。那就是二〇〇七年到二〇一二年，這六個年分熟成中的葡萄酒竟然被人蓄意打開閥門，酒就這樣從酒桶中漏光了，而且耗損量高達八萬五千瓶。

這個件事引發的紛紛擾擾，讓索德拉決定退出蒙塔奇諾協會，他貫徹信念，帶著少數倖存的葡萄酒，走自己的道路。在退出協會以後，索德拉推出了二〇〇六年產的IGT托斯卡尼。IGT的等級雖然不高，但卻是一推出就瞬間秒殺，連本國的義大利也買不到。

接下來，讓我們來看一看義大利的威尼托。該區位於義大利東北方，平野連接著丘陵的地形最適合種植葡萄。從中世紀起，當地釀造的葡萄酒便輸往德國或奧地利，自古以來以釀造葡萄酒為生。

梅迪奇家族與阿瑪羅內

威尼托因為地理位置，導致各地的氣候極為不同。如此不同的土壤與氣候，可以釀造出紅葡萄酒、白葡萄酒或氣泡酒等各種不同類型的酒，而且產量高居義大利第一。

威尼托有一種大名鼎鼎的氣泡酒普羅賽克（Prosecco，見下頁圖4-6）。這款葡萄酒幾乎是氣泡酒的代名詞，聲名甚至遠播至國外。在精益求精下，普羅賽克於二〇〇九年升格為最高等級的DOCG，成為葡萄酒中的潛力股，而且是國外極受歡迎的餐前酒。

在威尼托的產量之中，白葡萄酒就占了七〇％。其中，以位於加爾達湖（Lake Garda）附近的索亞維（Soave）產區極具名氣。在索亞維釀的酒特別適合搭配亞得里亞海（Adriatic Sea）的海鮮享用，加上價格經濟實惠，因此成為受歡迎的日常餐酒。

不過，在威尼托中最受矚目的葡萄酒，還是非阿瑪羅內（Amarone，見第一四五頁圖4-7）莫屬。只有位於威尼托的城市維洛那（Verona，羅密歐與茱麗葉的舞臺背景）中的少數釀酒廠，才生產阿瑪羅內，而且產量極少。阿瑪羅內口味甜美、口感滑順，讓人喝了以後，身心彷彿都要融化一般。這款酒在過去是王公貴族才能享用的珍品。

阿瑪羅內之所以如此貴重，在於它的釀造方法。因為這是一款需要長年累月，耗時費力的葡萄酒。

圖 4-6　威尼托引以為傲的氣泡酒——普羅賽克。

例如細心挑選優質而且甜度足夠的葡萄後，要放到木板上晾四個月，使葡萄抽乾水分。因為葡萄變乾燥後，會提升甜度，之後再慢慢發酵。唯有緩慢的發酵過程，才能突顯出阿瑪羅內絲絨般的口感與優雅，最後釀造出溫和的口感。

只不過阿瑪羅內熟成需要耗費二到六年。此外，裝瓶後還需要熟成一到三年才能出貨。阿瑪羅內就是在如此漫長、細心且奢侈的釀造過程下，才造就出獨一無二的地位。

順帶一提，聽說阿瑪羅內的由來與《神曲》作者但丁（Dante）的後裔有關。

據聞但丁在政爭失敗後流放佛羅倫斯，在目前的阿瑪羅內落腳。但丁的後裔於一三五三年在此地（維爾・阿馬龍，Vaio Armaron）採購農地與葡萄園，開始釀造阿瑪羅內葡萄酒。因此，有人主張阿瑪羅內就是取自於阿馬龍這個地名。

歷史悠久的阿瑪羅內所賦予的「感官藝術」，廣受歷史上的名人青睞。其中，最有名的名人，莫過於有華麗一族之稱的梅迪奇（Casa de' Medici）家族。阿瑪羅內也因此拓展事業。

梅迪奇家族中有統治佛羅倫斯、開創富裕與文化的托斯卡尼大公國的君王。梅迪奇家族透過龐大的財力，贊助各種文化復興時期的文化、藝術與音樂。

圖 4-7 世界知名的阿瑪羅內紅葡萄酒。

梅迪奇家族出身於佛羅倫斯，對威尼托生產的阿瑪羅內情有獨鍾，更成為他的大客戶。或許阿瑪羅內妖豔的口味，正是讓藝術品味高超的梅迪奇家族愛不釋口的理由。

香檳的勁敵——法蘭契柯達

說起世界知名的氣泡酒，最具代表性的當然非法國香檳莫屬。香檳指法國香檳區中，符合嚴格規定的氣泡酒。例如香檳中頂級的香檳王，年分久遠一點的一瓶至少要一百萬日圓（約新臺幣二十八萬元）。而且在拍賣會中，更是收藏家殺紅了眼的競投拍品。如此看來，香檳具有一種讓人金錢觀錯亂的魅力。

不過，當義大利出現法蘭契柯達（Franciacorta）氣泡酒以後，這股熱潮似乎消退不少。這個氣泡酒出自於義大利北部倫巴底的法蘭契柯達地區，也是義大利首次獲得DOCG認證的氣泡酒。

法蘭契柯達DOCG分級中對釀造有非常嚴苛的規定，需要通過該協會嚴格的查驗。例如為避免大量收成影響品質，因此每公畝的收成量需少於香檳。

除此之外，瓶內二次發酵熟成期間比香檳基本的十五個月更長，需要十八到六十個月以上。再者，為了讓風味澈底融合，必須將酒瓶儲存在經嚴格控管溫度與溼度的倉庫裡，且放數個月到數年，最後才可以出貨。

經過這些過程慢慢的熟成，才能釀造出香醇的味道、細緻的口感與華麗的氣泡。它的高雅與氣質簡直跟香檳無分軒輊。

可惜的是，現階段它的品牌實力與知名度仍然無法追趕上香檳。即使法蘭契柯達協會費盡心力，但仍然無法開拓市場。

法蘭契柯達雖然有一百多家釀酒廠，但是不及香檳區的五％。該品牌因流通量不足，而遲遲無法開拓國際市場。換句話說，如果法蘭契柯達想要在國際上打響名號，就需要有媲美香檳的出貨量（臺灣參考售價為新臺幣一千六百元至三千元）。

但事實是它的產量僅能供給在義大利國內的需求。此外，法蘭契柯達氣泡酒的規範遠遠超於香檳酒，因此缺乏新手加入。

雖然法蘭契柯達沒有悠久的歷史，無法製造出像香檳那樣的附加價值，但法蘭契柯達絕對是一個潛力無窮的葡萄酒產地。

圖 4-8　法蘭契柯達的氣泡酒首次獲得 DOCG 認證的氣泡酒。

紅酒素養四

葡萄酒瓶的形狀：高肩V.S.斜肩

不知讀者是否有注意，其實葡萄酒的酒瓶也有各種形狀。事實上，葡萄酒的酒瓶可以粗略的分為波爾多型與布根地型兩種。

波爾多型的酒瓶稱為「高肩瓶」，也就是酒瓶的肩膀向上隆起的造型（見左頁左圖）。波爾多葡萄酒的單寧較多，需要長期熟成，因此釀造中會產生許多沉澱物，如單寧或多酚的結晶。為了預防沉澱物跑到酒杯裡，因此習慣使用高肩型的酒瓶讓沉澱物留在瓶肩上。

另一方面，因為布根地葡萄酒的沉澱物較少，所以採用「斜肩型」的設計（見左頁右圖）。

此外，布根地自古以來就習慣在地下的酒窖（cave）儲藏葡萄酒。為了充分利用狹窄的空間，提高儲存效率，這種造型特別適合酒瓶頭尾交互擺放。

基本上，這些酒瓶的形狀都依產地而定，未經核可的形狀是不允許販賣的。唯一例外的是，梅多克產區中一級的歐布里雍堡，可以使用自己設計的獨特造型。自從一九五

波爾多型

採用「高肩」造型，是為了防止長期熟成時，沉澱物進入酒杯。

布根地型

布根地葡萄酒的殘渣或沉澱物較少，因此採用容易擺放的「斜肩」造型。

八年起，他們就採用瓶頸較長，瓶肩下垂的酒瓶。

除此之外，酒瓶的大小（容量）也有各種不同的型態。一般的尺寸是七百五十毫升，也就是法文所謂的標準瓶（Bouteile），英語稱為Bottle。若註明是Magnum，則表示容量為一千五百毫升，這也是拍賣會中常見的尺寸。

其他還有十多種不同的尺寸，目前市面上容量最大的酒瓶高達三十公升（相當於四十瓶一般酒瓶的總容量）。

而且，除了波爾多以外，各個尺寸的酒瓶都有一個取自聖經的專有名詞。例如六千毫升（八瓶裝）稱為瑪土撒拉（Mathusalem），這是舊約聖經創世紀中的長老。根據聖經的記載，他活了九百六十九歲，後代是逃過洪荒浩劫的諾亞，也是種植葡萄的人。

九千毫升（十二瓶裝）稱為亞述王（Salmanazar），這則是取自舊約聖經中的亞述（Assyria）國王沙爾馬那塞爾（Shalmanazar）三世。

除此之外，還有耶羅波安瓶（Jeroboam）、巴爾退則瓶（Balthazar）與尼布甲尼撒瓶（Nabuchodonosor）等以聖經人物為名的稱號。由此可見，葡萄酒與基督教水乳交融的關係。

第五章

西班牙有雪莉、德國有冰酒，英國負責喝

西班牙的葡萄酒產量位居世界第三，跟法國或者是義大利一樣，葡萄酒釀造歷史相當長。

西班牙有寬廣的土地與充沛的陽光，從西元前就開始種植葡萄。西班牙從古希臘人手中學會怎麼釀造葡萄酒，再學習羅馬帝國釀酒技術，以提高品質，現在西班牙的葡萄種植面積或葡萄酒產量，緊追法國與義大利之後，成為一個葡萄酒大國。

翻轉形象，由黑轉紅

西班牙有歐洲各國欽羨的日照量，所以過去釀造的葡萄酒酒精濃度較高、單寧成分較濃（按：葡萄酒的酒精是從葡萄的糖分轉換而來，日照決定了糖分集中度，進而影響釀成葡萄酒酒精濃度）。

舉例來說，雪莉酒（按：Sherry，僅雪莉三角洲生產可冠名）就是安達魯西亞（Andalucía）自治區的名產，不僅是西班牙傳統的葡萄酒，也是世界三大加烈（按：加強酒精濃度）葡萄酒之一。雪莉酒加入酒精濃度較高的白蘭地後，可以提高葡萄酒的糖分與酒精濃度（按：一五%～二二%），產生香醇的口感。因此，可以配合TPO作為餐前酒、餐後酒或雞尾酒等，提供各種不同的樂趣。

另外兩個知名的加烈葡萄酒，是葡萄牙釀造的馬德拉酒（Madeira）以及波特酒（Port Wine）。這些酒之所以要提高酒精濃度，是因為葡萄牙或安達魯西亞地區氣候炎熱，為了防止葡萄酒氧化或變質所採取的應變方法。

日本的西班牙酒館常有桑格莉亞（sangría）調酒，也是西班牙或葡萄牙的特有喝法——將水果或香草浸泡在葡萄酒——只不過當地習慣熱飲。

桑格莉亞酒原本是一種廢物利用的概念，透過加工讓風味欠佳的葡萄酒起死回生。最近，更流行在葡萄酒裡加上一些水果或果汁調製成雞尾酒。

西班牙雖然有這些獨具特色的葡萄酒，但國內的情勢不穩定，導致釀酒業長期低迷。不可否認的，品質就是落後於法國與義大利。與之相比，西班牙缺乏代表性的酒莊也是不爭的事實。

即便如此，西班牙還是有幾個鮮為人知的優秀酒莊。例如，一八七九年成立的庫尼（Cune）酒莊，這裡釀造的葡萄酒就是西班牙的珍品。對於葡萄酒的品質，西班牙也如同布根地一樣依土地區分等級，有嚴格的規定。而庫尼酒莊在最高等級「DOCa」（Denominacion de Origen Calificada）的利奧哈（Rioja）土地上，擁有自家的葡萄園。

特別是二〇一三年，當庫尼至尊特級陳釀（Cune Imperial Gran Reserva）榮獲美國《葡萄酒鑑賞家》的年度葡萄酒時，立即在美國的葡萄酒商店銷售一空。

近年來，即使是比DOCa低一等級的DO（Denominacion de Origen）也有一些不錯的葡萄酒。舉個例子，如一八六四年在DO產地設立的貝加・西西里酒莊（Vega Sicilia）推出的尤尼科（UNICO），與努曼西亞酒莊（Numanthia）推出的帝曼希亞（Termanthia），都是其中之一（見圖5-1）。

尤尼科因為產量稀少而成為拍賣會中的熱門酒款。特別是一九六二年產的葡萄酒隨著時間熟成，身價更是年年高漲。二〇一二年，尤尼科榮獲派克的大弟子尼爾・馬丁（Neale Martin）百分的評比時，他甚至稱讚：「這絕對是**世上最棒的西班牙葡萄酒**。」另外，帝曼希亞也在二〇〇四年，榮獲葡萄酒評鑑雜誌《葡萄酒代言人》（*Wine Advocate*）百分滿點的殊榮，甚至成為社會討論的話題。

西班牙特有的氣泡酒卡瓦（Cava）也是世界聞名的西班牙葡萄酒之一。將近九五%的卡瓦在加泰隆尼亞（Catalonia）區釀製，而且與法國的香檳一樣採用瓶中二次發酵。

所謂二次發酵並不是指在酒槽內進行發酵或加入碳酸，而是一種耗時費事的製程。也就是在小心翼翼的步驟下，才能製造出細緻的氣泡。

目前，卡瓦氣泡酒的銷售量（臺灣參考售價新臺幣五百元至六百元／瓶）每年約有兩億瓶左右，再加上部分釀造廠堅持量少質精的經營模式，因此不管在質或量上，都對香檳產生威脅。

圖 5-1　西班牙知名的葡萄酒，從左至右分別是尤尼科、帝曼希亞與庫尼至尊特級陳釀。

此外，一九九〇年代後半，西班牙出現嶄新型態的葡萄酒，如義大利的超級托斯卡尼或巴羅洛男孩一樣，西班牙也有頂級西班牙（Premium Spanish）或現代西班牙（modern Spain）等。新興的酒莊透過時髦的標籤下呈現經典形象，並且在評論家的推崇下華麗登場。

這些酒莊都不拘泥於當地的葡萄品種，更堅持釀造量少質佳的葡萄酒。在大量生產葡萄酒且葡萄酒實力堅強的西班牙之中，掀起一股新浪潮。

特別是最近受到各界矚目的，於加泰隆尼亞的普里奧拉

（Priorat）所釀造的葡萄酒。普里奧拉邊臨法國，本來就是一個繁榮的葡萄酒產地，但在十九世紀卻因為蟲害而讓葡萄園一夜之間全軍覆沒。

普里奧拉雖然因此消沉了一段時日，但適合種植葡萄的優渥土壤，仍吸引不少釀酒廠回歸，於是重建往日榮光。這些廠家將法國與當地固有品種混釀，創造出傳統與創新兼具的全新風格。

嶄新的普里奧拉葡萄酒獲得評論家的一致好評。

德國的冰酒

在日本一九八〇年代的泡沫經濟期，只要提起葡萄酒絕對非德國酒莫選。雖然當時日本進口一堆甜膩、便宜的德國貨，但之後又一面倒的偏向法國，德國葡萄酒的影響就越來越小。德國葡萄酒之所以無法受到日本市場青睞，除了味道太甜膩以外，還牽扯到它的「難言之隱」。

德國葡萄酒根據葡萄成熟度區分等級，其中，最甜的品種有個讓人很難記住的名稱：逐粒枯葡精選貴腐酒（Trockenbeerenauslese）。大部分的業者一致以為，像天書一般難讀、難懂的標示，才是阻礙德國葡萄酒打開國際市場的主因。

價實的冰酒。

葡萄酒是否成功，看英國人喜不喜歡

前面介紹的法國、義大利、西班牙與德國等歐洲國家，都以釀造葡萄酒聞名。其實，法國鄰近的英國也在十一世紀就開始釀造葡萄酒，只不過在葡萄酒界缺乏名氣。為什麼英國葡萄酒的消費量高居世界第一，產量卻落後歐洲各國呢？其中最大的理由是氣候問題。英國自古以來國勢鼎盛，而建立起大英帝國。然而，即使國王餐餐山珍海味，卻創造不出別具風味的宮廷菜色。

這是因為英國的氣候環境不適合種植農作物的緣故。貧脊的土壤與日照量的不足，讓英國只能種一些馬鈴薯或穀物。除此之外，全球最北的葡萄產區以法國的香檳區或德國為主。因此，位於更北方的英國自然缺乏釀造葡萄酒的條件與環境。

對於英國而言，反正鄰近的法國有波爾多與香檳等頂級葡萄酒，而且是世界上數一數二的精品，就連英國王公貴族也讚不絕口。因此，英國根本無須在貧瘠的土地上浪費人力、物力，花費心思的種植葡萄，釀造葡萄酒。

這就是為什麼英國雖然沒什麼生產葡萄酒，卻是歐洲葡萄酒最大消費國的原因。事實上，英國對於葡萄酒的歷史占有舉足輕重的地位。對於歐洲各葡萄酒產地而言，只要釀出來的酒**能獲得英國人的喜愛，就等於成功**。從波爾多到目前大多數的知名產區，都因為受到英國的認證與加持而聲名大噪。

例如波特酒就是其中之一。聽說波特源自於葡萄牙文的「Porto」（亦即港口）。波特酒號稱世界三大加烈葡萄酒之一。當時英國商人為了預防海上運輸時發生劣化，便在葡萄酒中加入白蘭地。

英國之所以選擇採購葡萄牙的葡萄酒，與歷史因素有關。長期以來，法國與英國經常對立，因此英國時不時無法進口法國葡萄酒。再加上，英國與西班牙的關係又劍拔弩張，於是，想喝葡萄酒就只剩下葡萄牙這個來源而已。

愛喝波特酒的英國人，習慣一有小孩出生就買波特酒，等到長大成人或結婚時開酒慶祝。波特酒比一般葡萄酒的熟成時間更長，二十年後喝起來更加美味可口。

另外，葡萄牙馬德拉島釀造的馬德拉酒，是一種加烈葡萄酒，英國是最大宗的客戶。品嚐葡萄酒的權威——麥克・布羅德本特（Michael Broadbent）是馬德拉酒的粉絲。

麥克曾說：「馬德拉酒比清晨的咖啡提神，比下午的紅茶美味可口。」事實上，麥克在倫敦的辦公室總是擺滿了各種馬德拉酒。他最喜歡一邊喝著馬德拉，一邊談生意（馬德拉酒入門價格頗親民，開瓶後一個月風味不減，圖5-3為限量罕見版，價格貴五倍

圖 5-3　葡萄牙加烈葡萄酒之一——馬德拉酒。

以上）。

不毛之地的挑戰

如同前面所介紹的，英國的葡萄酒消費量支撐了整個歐洲的葡萄酒產業。然而，近年來因為全球暖化的影響，對於不毛之地的英國來說，釀製葡萄酒不再是遙不可及的夢想。例如英國南部的肯特郡（Kent）、薩塞克斯郡（Sussex）與漢普郡（Hampshire）都是眾所矚目的新興產區。

過去這些地區在海峽形成以前的冰河期，與香檳區同樣位於海底，而且相連。也就是說，當地的土壤性質與香檳區同屬於白堊土，再加上**全球暖化的影響**，讓這些英國產區的氣候彷彿回到一九六〇年代的香檳區。

因產區具備了香檳等級的釀酒實力，近年來受到各界殷切期待。

二〇一五年，法國某香檳大廠看中這片土地的潛力，而在當地釀造氣泡酒。

該消息傳開以後，馬上轟動二〇一五年葡萄酒界，成為報章雜誌的熱門話題。雖然全球暖化並不是什麼值得高興的事，但知道世上還有一個地方與香檳區有著同樣的白堊土，對業者跟葡萄酒愛好者來說，還是很令人振奮。

法國的香檳大廠會進軍英國，市場目標其實鎖定英國的大型超市。因為，在香檳的國際市場中，還是以愛喝香檳的英國獨占鰲頭。而且，因為香檳的售價較高，法國香檳大廠便考慮在英國自產自銷，利用零關稅提供味美價廉（國宴用酒，臺灣售價約新臺幣兩千三百元）的氣泡酒（英國氣泡酒曾在二〇一六年一場巴黎盲品中贏了香檳）。

話說回來，近年來西班牙的卡瓦或義大利的普羅賽克，因為品質越來越佳，因此也鎖定英國這個大市場。而老招牌香檳酒商所釀造的英國氣泡酒，一下子就吸引各界目光，現今，英國南部已紛紛成立釀酒廠。

紅酒素養五

酒標的基本讀法

只要讀得懂標籤寫些什麼，我想讀者應該會覺得離葡萄酒又近了一些。尤其是在傳統的葡萄酒界（指法、義等葡萄酒的傳統大國），對於標籤的記載也有嚴格規範。因此，只要記得這些規則，以後一拿起葡萄酒，看一下標籤就應該會有大致的概念。

就以波爾多為例，標籤上的酒名一定以酒莊（chateau 或 domaine）為最大標示，例如拉圖（Latour）酒莊釀造的葡萄酒就直接寫著酒莊的名稱。

標籤上也標示年分（須使用該年分八五％以上的葡萄）、法定產區（Appellation，AOC）、裝瓶者、酒精濃度、原產國或容量等。除此之外，有些也會標示「GRAND CRU CLASSE」（見下頁圖）或「CRU CLASSE」的等級分級。

另一方面，布根地的葡萄酒不同於波爾多，是以 AOC 當作最明顯的標示。總而言之，最明顯的標記的不是釀酒廠，而是以地區或葡萄園為名。當然，標籤上也有酒莊的名稱（見一六五頁圖）。

其他的標示與波爾多沒有不同。

波爾多

酒莊或酒坊名稱
原產國
PRODUCE OF FRANCE
MIS EN BOUTEILLE AU CHATEAU
GRAND VIN
DE
CHATEAU LATOUR
PREMIER GRAND CRU CLASSE
等級
PAUILLAC
13%Vol
2003
750ml
容量
DEPOSE
APPELLATION PAUILLAC CONTROLEE
STE·CIVILE DU VIGNOBLE DE CHATEAU LATOUR PROPRIETAIRE A PAUILLAC [GIRONDE]
酒精濃度
裝瓶者
法定產區（AOC）
年分

布根地

法定產區名稱
裝瓶者
法定產區（AOC）
SOCIÉTÉ CIVILE DU DOMAINE DE LA ROMANÉE-CONTI
PROPRIETAIRE A VOSNE-ROMANEE (COTE-D'OR) FRANCE
VOSNE-ROMANÉE 1ER CRU
Cuvée Duvault-Blochet
APPELLATION VOSNE-ROMANÉE 1ER CRU CONTROLÉE
5.489 Bouteilles Récoltées
LES ASSOCIÉS-GERANTS
ANNÉE 2002
N° 0929
Mise en bouteille au domaine
13% vol
PRODUCT OF FRANCE
75 cl
酒精濃度
原產國
年分
容量

義大利葡萄酒須在標籤上明白標示DOCG、DOC、IGT與VdT等分類、年分、瓶裝公司的地方、葡萄產地（不含VdT）、國名（出口用）、酒精濃度與容量等資訊（見左頁圖）。

葡萄酒的名稱有時會加上產地，如巴羅洛或朗格，或酒莊名，如GAJA（歌雅）或Sassicaia（薩西凱亞）等。此外，也會加上一些細項說明，例如高於一般熟成期間的Riserva（珍藏）或更上一層葡萄酒的Superiore（特級）等。

新世界的葡萄酒在標籤上的設計都極具個性，而且走現代風，因此大都設計精簡，只有短短幾行（見一六八頁圖）。就連加州專門釀造膜拜酒（Cults Wine）的嘯鷹酒莊（Screaming Eagle）也只在標籤上簡單的寫著葡萄酒的名稱與一隻大老鷹。

除此之外，新世界的葡萄酒產地沒有葡萄品種的約制，因此最大的特色就是大部分的葡萄酒只標示葡萄品種。

義大利

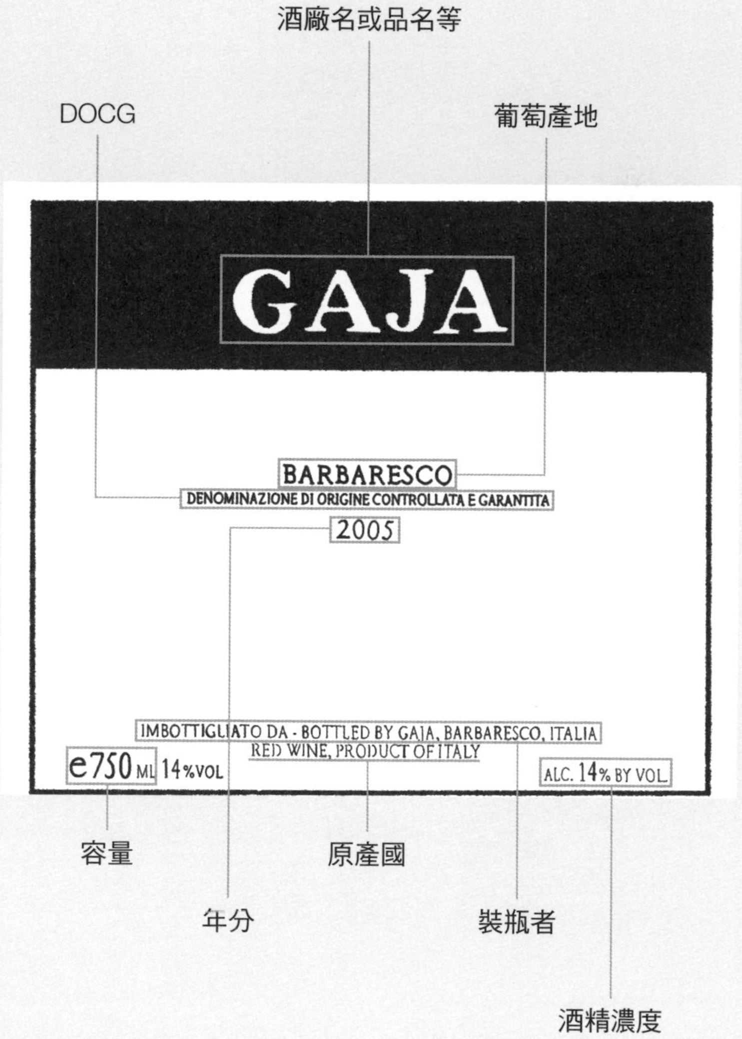
酒廠名或品名等
DOCG
葡萄產地
GAJA
BARBARESCO
DENOMINAZIONE DI ORIGINE CONTROLLATA E GARANTITA
2005
IMBOTTIGLIATO DA - BOTTLED BY GAJA, BARBARESCO, ITALIA
RED WINE, PRODUCT OF ITALY
e750 ML 14%VOL
ALC. 14% BY VOL.
容量
原產國
年分
裝瓶者
酒精濃度

新興國

※ 標示因葡萄酒而異

第三部

葡萄酒新興國

第六章

加州葡萄酒引人膜拜，紐約接著上檯

葡萄酒的產區分為舊世界（Old World）與新世界（New World）兩種。像法國或義大利等傳統葡萄酒產國屬於舊世界，而美國、智利或澳洲等國家則屬於新世界。

舊世界的葡萄酒善用風土條件，發揮各個產地特色。因此，才會有類似法國的AOC法依產區詳細規定葡萄的收成、品種或熟成期間等釀造條件。有符合這些規定的葡萄酒才能標示產區名稱。

舊世界對於葡萄的種植雖然比較嚴格，但這是為了避免加工取巧，而喪失葡萄酒原有的個性。維護風土條件、遵循大自然法則的釀酒型態，才是舊世界的美學。

此外，酒瓶標籤的標示也有嚴格規定。例如根據舊世界的規則，地區級以外的葡萄酒，不能標示葡萄品種而要標示產區。這是因為各個產區能使用的葡萄品種都很清楚，所以標籤上無須特別標示品種。例如法律明文規定夏布利只能使用夏多內品種。因此，只要看到標籤上寫著「夏布利」就知道是用的一定是夏多內。

而新世界不像舊世界那般了解土壤對葡萄個性的影響，也沒有受到法律束縛。說得更明白一點，就是新世界的葡萄酒沒有歷史與傳統包袱，可以天馬行空的發揮創意，追求時代潮流的口味與風格。

這些釀酒廠種植各式各樣的葡萄品種，嘗試舊世界不允許的混釀技術，依照各自的判斷以發揮出自己的風格。

其中又以美國成為近年來國際公認的新世界指標。對於不習慣喝葡萄酒的人而言，可能不覺得美國跟葡萄酒有什麼關係。然而，最近說到只要提起葡萄酒，美國都是不可忽視的存在。

美國身為世界經濟大國，釀酒方式也不同凡響。例如「天不下雨，就讓它下」（按：即人工降雨。在天上有雲的情況下，透過人工手段催化降雨）這種財大氣粗的方法，也是美國農耕的一大特色。

事實上，除了法國以外，基本上歐洲大部分的葡萄產區都禁止利用水路引水灌溉。因為所有人工的給水方法都會讓產區失去當年特色。雖然在這個規定下，若碰上長期缺雨，土地會龜裂導致葡萄無法生長，不過，也表現出這些地方有多麼尊重產區個性。

但因近年來受到地球暖化的影響，歐洲部分地域容許、開放有條件的灌溉，不過其他地區仍須遵守這個規定。

另一方面，新世界對於給水期或灌溉方法沒有特別的限制，但根據水的多寡，會影響葡萄的生長，甚至營養失衡。因此，新世界反而研發出各種符合葡萄酒風格或成本的灌溉方法。

如美國的葡萄園可以河川引水或流放。

我曾在二〇一四年拜訪加州，當時遇上歷史性乾旱。那年讓我親身體會美國的強悍之處。當時，我與老朋友，布雷家族（Bure Family Wines）酒莊莊主凡爾（Val）談話。凡爾原來是ＮＨＬ（國家冰球聯盟，National Hockey League）的選手。退休後在加州的納帕谷開設自己的酒莊，並釀造葡萄酒。

我跟他已經好幾年沒見，一打完招呼，就急著問他缺水的問題。相對於我的焦慮，只見他一派輕鬆，笑著說：「嘿！這裡可是美國，只要有錢就可以讓天下雨啊！」

凡爾說的沒錯。美國酒莊可以花錢進行人造雨。即使超出預算，他們也會選擇最好的方法，在最適當的時間提供葡萄最完美的水量。這也是經濟大國才有的釀造方式。

加州葡萄酒的成名史

不被傳統束縛的釀酒方式，讓現今的美國成為世界第四的葡萄酒產國。

美國葡萄酒是在歐洲發現新大陸，大批移民到東海岸以後開始的。當時的釀酒事業集中在東海岸一帶，以英國殖民地的波士頓、華盛頓哥倫比亞特區或紐約等大城市為主。現在則集中在加州、奧勒岡州、華盛頓州與紐約州等地（見左頁圖）。

其中，加州已經成為世界聞名的葡萄酒產地，產量高達美國總產量的九〇％。特別是加州的納帕谷或索諾瑪（Sonoma）都是高級葡萄酒的知名產地。

■ 美國主要的葡萄酒產地

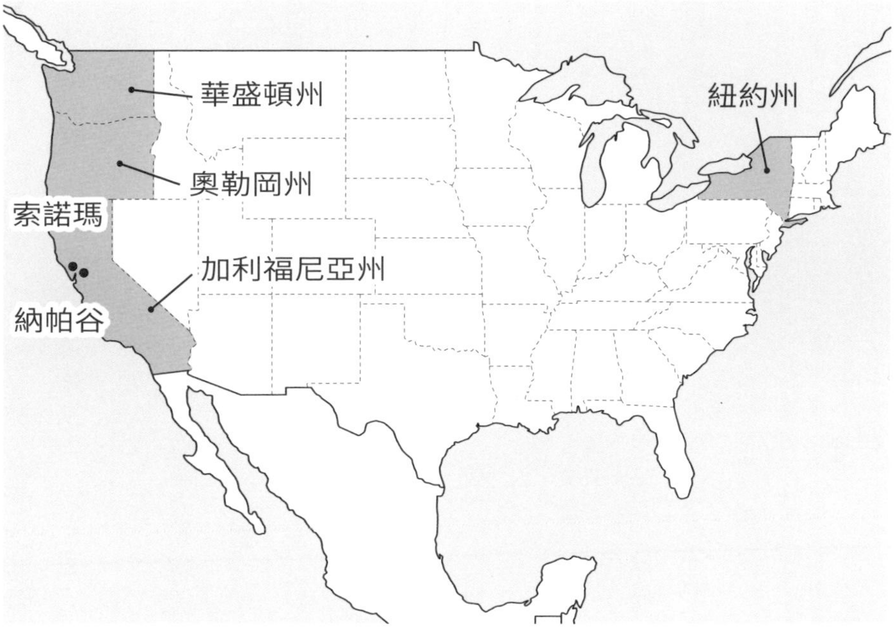

加州之所以成為葡萄酒的一大產地，要追溯到淘金熱潮。十九世紀中期，加州興起一股淘金熱，世界各地湧入的淘金者成為當地釀造葡萄酒的契機。

雖然人人都懷抱一獲千金的美夢，但黃金卻不是隨便挖一挖就有的，這些淘金者們漸漸生活困頓。於是，一些懂得釀製葡萄酒的歐洲人便轉行換業，在加州內華達（Sierra Nevada）種植葡萄，從挖掘金礦轉為釀造葡萄酒。

加州擁有寬廣的土地、

燦爛的陽光與充沛的日照量。簡直是釀造葡萄酒的風水寶地。加上當地氣候冬寒夏熱，也是不可多得的種植環境。於是，美國就在這樣的歷史背景下，造就出「提到葡萄酒，就想到加州」的形勢。

淘金熱退潮以後，美國國內葡萄酒的需求大幅成長。例如加州的舊金山，在一八四八年還是一個人口不到一千人的小城市，但短短一年卻成長到兩萬五千人。接著，還從歐洲與世界各地湧進將近四萬的移民，讓葡萄酒的需求瞬間攀升。加州葡萄酒最幸運的是，一開始就天時地利人和，順風順水的發展。

話說回來，從一九二〇年開始，是美國禁酒時期（Prohibition Era）。當時的美國政府為了匡正社會道德與秩序，因此限制國民的飲酒權利。

施行法律後，反而讓私酒或走私橫行，治安越來越差。例如地下酒吧（speakeasy，售賣酒精飲品的違法企業）林立，或者酒吧的數量更加猖獗，演變成本末倒置的結果。現在的紐約仍有不少地下酒吧，不過主要是形容其風格復古。

禁酒令讓原本順利推廣的加州葡萄酒受到嚴重打擊，導致酒莊紛紛關門大吉。當時有兩千五百多家酒莊都因無法支撐費用而紛紛倒閉。在廢除禁酒令以前，竟然驟減到剩一百家左右。

能度過禁酒令的難關存活下來的酒莊，其客源大都是教會。因為當時的教會擁有治外法權，不管是釀酒或銷售都不受政府規範。

當時合法的釀造廠，像是美麗莊園（Beaulieu Vineyard）、貝林格酒莊（Beringer Winery）或是路易斯・馬提尼（Louis M. Martini）等，至今仍然是加州納帕谷的代表。順帶一提，聽說未獲得政府核准的酒莊，便將葡萄做成果汁或果醬，想盡辦法度過難關。

終於，美國政府於一九三三年宣布廢除禁酒令。壓抑已久的消費市場瞬間反彈，讓葡萄酒有突發猛進的成長。隨著葡萄酒消費量的驟增，釀造量也一飛沖天。

一九四五年，第二次世界大戰結束以後，美國打了一場勝仗，國內經濟復甦，於是中產家庭的餐桌上也看得到葡萄酒。上從葡萄酒愛好者，如小說家兼詩人的海明威（Ernest Miller Hemingway），下至平民百姓，美國上下一致以為葡萄酒是象徵文人走在時代的尖端。對崇尚歐洲文化的精英而言，葡萄酒則是一種時尚。

一九六〇年代，加州的葡萄酒產業更因為葡萄酒商羅伯特・蒙岱維宣布進軍法國南部，而有飛躍性的成長。

加州的葡萄酒透過蒙岱維的革新與策略行銷，終於在國際間一炮而紅。蒙岱維被譽為「加州葡萄酒之父」，如果沒有他的努力，加州就沒有現在的尊榮。

法國與加州的盲品大賽

加州葡萄酒的知名度與勢力在這樣的背景下逐漸壯大。不過，法國與其他葡萄酒傳統大國卻對加州嗤之以鼻。因為在它們眼中，美國是一個沒有歷史、缺乏文化，「不配給自己提鞋」的國家。

不過，當某位法國業者從納帕谷帶走一瓶酒後，加州葡萄酒瞬間麻雀變鳳凰。

這個故事要從史蒂芬・史普瑞爾（Steven Spurrier）說起。史普瑞爾除了在巴黎有一家葡萄酒商店，他也是法國葡萄酒學院（Académie du Vin）的創辦人。當他喝了那瓶加州葡萄酒以後，立時驚為天人，顛覆過去他對加州葡萄酒的印象。

於是，他便想出透過盲品大賽，讓法國與加州葡萄酒競賽，以達到宣傳目的。一九七六年，他以慶祝美國獨立兩百週年為名，推出這次盲品大會——巴黎審判，這個活動延續至今。

當時的酒單皆是一時之選。法國葡萄酒中，有木桐或歐布里雍等酒莊釀的波爾多紅葡萄酒；白葡萄酒則有蒙哈榭等老字號酒莊的佳作。

最後，選出盲品大賽使用的十款紅白葡萄酒。其中，含四款法國葡萄酒與六款加州葡萄酒。同時，依二十分滿點的評分方法審查。

當然，任誰也想像不到，初生之犢的加州竟然能打敗老字號的法國。事實上，盲品大會的評審委員全是發起人史普瑞爾百中挑一、業界中數一數二的名人，而且全是法國人。當時，評審委員一致以為：「加州葡萄酒就是來陪襯的」，這種盲品大賽對法國而言，有如囊中取物般輕鬆。

不料事與願違，這個世紀性盲品大賽的結果卻讓大家的眼鏡碎了一地：加州葡萄酒大獲全勝（比賽名次見下頁表格）。

各界本以為盲品大會會由法國葡萄酒拿下冠軍，因此各家媒體都不感興趣，只有美國《時代雜誌》的記者因為路過而見證這世紀的一幕，同時發步第一手消息。

及至現今，只要造訪納帕谷的蒙特萊那（Montelena）酒莊，還能在牆上看到《時代雜誌》封面上，一九七六年獲勝的白葡萄酒。

順帶一提，法國因無法接受這個比賽結果，竟然放話：「法國葡萄酒與美國不同，需要經過三十幾年的熟成才能散發出美味。」可惜的是，一九七六年的巴黎審判在歷經三十年以後，也就是二〇〇六年舉行的「敗部復活賽」（Return Match），還是由加州葡萄酒拔得頭籌。

事實上，我的前主管麥克・布羅德本特也是這次敗部復活賽的評審。麥克出過幾本葡萄酒品鑑會的書籍，在佳士得臥龍藏虎的葡萄酒部門中，品酒的功力無人可及。我曾

■1976 年巴黎審判的排名

紅葡萄酒	
第一名	Stags Leap Wine Cellars（美國）
第二名	Chateaux Mouton Rothschild（法國）
第三名	Chateaux Mortrose（法國）
第四名	Chateau Haut-Brion（法國）
第五名	Ridge Monte Bello（美國）
第六名	Chateau Leoville Las Cases（法國）
第七名	Heitz Marhas Vineyard（美國）
第八名	Clos Du Val（美國）
第九名	Mayacamasu Vineyards（美國）
第十名	Freemark Abbey Winery（美國）

白葡萄酒	
第一名	Chateau Montelena（美國）
第二名	Meursault Roulot Charmes（法國）
第三名	Chalone（法國）
第四名	Spring Mountain（美國）
第五名	Beaune, Clos des Mouches, Joseph Drouhin（法國）
第六名	Freemark Abbey（美國）
第七名	Batard-Montrachet Ramonet-Prudhon（法國）
第八名	Puligny-Montrachet Leflaive Les Pucelles（法國）
第九名	Veedercrest（美國）
第十名	David Bruce（美國）

問他當時評審狀況如何，他只是苦笑著說：「我根本不喜歡什麼盲品。」

加州納帕谷的葡萄酒在巴黎審判中打敗法國，獲得全勝以後，成為一個新興的潛力股，受到國際矚目。

一九七九年，波爾多五大酒莊之一的木桐酒莊與加州的羅伯特・蒙岱維公司合資成立「第一樂章」（Opus One）公司。

該公司的葡萄酒標籤風格獨特，印有兩位酒莊莊主的側臉（見圖6-1），融合了傳統與創新，嶄新的風格成功引發話題。

另外，釀製波爾多頂級葡萄酒的彼得綠堡莊主莫伊克，他也在納帕谷開設多明納斯酒莊。

圖 6-1　第一樂章的標籤有兩位莊主的臉部側寫。

只要是去過位於納帕谷揚特維爾（Yountville）的多明納斯酒莊的人，肯定會被那個造型獨特的巨型建築嚇到。這個長一百公尺、寬二十五公尺與高九公尺的巨大酒莊就豎立在葡萄園的正中央。

這個搶眼而且現代化的建築，

出自於國際知名的建築師赫爾佐格和德梅隆（Herzog & de Meuron）的設計。他們的作品涵蓋日本的普拉達（Prada）青山店、倫敦的泰特現代藝術館（Tate Museum）與北京奧林匹克體育中心（即鳥巢）等。

多明納斯高貴典雅的口感，其實來自於莊主莫伊克的感性與美感。

當法國的頂級酒莊相繼進駐美國納帕谷，也等於是納帕谷的一種保障。目前當地已經是聞名世界，法國與義大利的強勁對手。

膜拜酒，特定會員才買得到

二〇一四年的聖誕夜，美國加州納帕谷發生一件震驚社會的搶案。那就是三星級餐廳「法國洗衣房」（French Laundry）的失竊案。餐廳內的七十六瓶高級葡萄酒遭竊，損害金額高達三十萬美金（約新臺幣九百三十萬元）。

事件發生以後，我的美國同事馬上傳來葡萄酒的失竊名單，並叮嚀我：「不管誰來接洽，都要再三考慮。」因失竊的葡萄酒以羅曼尼・康帝或嘯鷹等頂級葡萄酒為主。

羅曼尼・康帝雖然大名鼎鼎，但嘯鷹酒莊的葡萄酒卻是行家才知道的等級。

其實，嘯鷹是加州「膜拜酒」之一（見圖6-2）。

圖 6-2 嘯鷹酒莊知名的膜拜酒。標籤上酒名與老鷹的簡單設計為一大特色。

所謂的膜拜酒，是指在納帕谷中，頂級而且千金難買的葡萄酒，不管在人氣或價格都是少數能與法國知名酒莊媲美的超級葡萄酒。膜拜（Cult）代表崇拜、狂熱或儀式等。現今雖然宗教的意涵較為強烈，但膜拜酒也可以視為狂熱信徒（葡萄酒愛好家）對於釀酒大師的崇拜。

膜拜酒起始於一九八〇年代中期。一九八〇年代以後，美國的律師、醫師或金融業等富裕階層退休後的生活首選，就是在納帕谷釀造葡萄酒。

但對於這些專業人士而言，釀酒絕對不會是單純的興趣，而是一筆投資。於是發展出品質精良而且小量生產的膜拜酒。膜拜酒的特色是物以稀為貴，於是酒莊特意降低產量，提高收藏行情。

例如嘯鷹酒莊一年生產五百箱，約有六千瓶。嘯鷹的國際零售價平均升值到兩千七百八十五美元（約新臺幣八萬六千元）一瓶。

二〇〇六年的皇室瓶（Imperial Bottle，六千毫升），在二〇一三年哈特・達維斯・哈特（Hart Davis Hart）芝加哥的拍賣會，也以三萬五千八百五十美元（約新臺幣一百一十一萬元）的價格成交。

讀者對於五百箱、六千瓶的葡萄酒應該沒有什麼概念。不過，這卻相當於羅曼尼・康帝一整年的產量（當然收成也會有所影響）。即使聞名世界，波爾多的一級酒莊一年也只釀造十萬到二十萬瓶。如此比較起來，如此看來，可見膜拜酒有多麼珍貴。

其他知名的膜拜酒，還有年產量一千五百箱的哈蘭酒莊（Harlan Estate）、五百箱的布萊恩特家族（Bryant Family）與僅僅三百五十箱的蔻兒耿（Colgin）。

產量如此稀少的膜拜酒，能夠分配給葡萄酒商店的數量自然也不多。因此，一般商店是買不到膜拜酒的。

釀製膜拜酒的酒莊針對一般消費者，習慣利用郵寄名單與預購制度，提供直接下單服務。因此，只有名單上的少數客戶——會員才有機會訂購膜拜酒。

當然，這份名單相當受歡迎，因為這些會員通常是富裕階層。而且，他們有時候也會在網路拍賣會上進行交易。

除此之外，要成為名單上的一員，入會條件極其嚴苛，因為即使有幸成為會員，每年仍然需要消費一定的金額，否則便喪失會員資格。因此不管葡萄收成的好壞（評價）與價格的高低，會員都須努力的訂購以免喪失權利。

膜拜酒不再只是葡萄酒，而是一種時尚。一有新的葡萄酒推出，消費者都會瘋狂搶購，而且搜尋相關知識。熱門的酒莊就像大明星一樣，總是有一大堆投資客。而那些出入米其林餐廳或會員制俱樂部的金融才俊，只要是侍酒師推薦的膜拜酒，他們就會一批一批的買進。

就像蘋果公司的產品走時髦路線，當時的膜拜酒同樣強調走在時代的尖端。

一九八四年成立，一九九〇年推出第一個年分「極致膜拜酒」的哈蘭酒莊，可以說是膜拜酒的推手之一。莊主比爾・哈蘭（Bill Harlan）不動產事業經營有成，於是他準備實現自己的長久以來的夢想：釀造出與法國一級酒莊匹敵的葡萄酒，便在納帕谷成立酒莊。

哈蘭在業界的人脈與高超的行銷策略，成功打造膜拜酒的形象。就像身上穿戴的名牌，飲用膜拜酒成為頂級生活與時尚的象徵。他為了塑造品牌形象，對於每個細節都極其挑剔，甚至連小小的標籤都是慢工細活設計出來（見下頁圖6-3）。

其實，我也是哈蘭的愛好者之一。過去我一直沒有機會品嚐哈蘭葡萄酒，終於在二〇〇二年實現夢想。當年我為了準備一場拍賣會，而有幸試飲一九九四年的哈蘭。

圖 6-3　哈蘭酒莊的標籤。

當我喝下一口這夢寐以求的葡萄酒，哈蘭的美味簡直超乎想像。那是一種高雅、柔和，不管是口感或味道都是無可言喻的滑順，就像美國雄偉的大自然所展現的一股神祕能量。

順帶一提，英國知名葡萄酒評論家簡西絲・羅賓遜（Jancis Mary Robinson）稱讚哈蘭是「二十世紀中，前十大的頂級葡萄酒」。第一個年分酒當時售價六十五美元（約新臺幣兩千元），但現在已高達一千美元（約新臺幣三萬元）。

膜拜酒本來就受市場歡迎，加上在一九九〇年代獲得派克的百分滿點以後，更是成為國際矚目的焦點。

一九九〇年代的納帕谷連續幾年的氣候都不錯，特別是一九九四年、一九九七年產的葡萄酒，都受到評論家的一致好評。一九九七年有五款葡萄酒榮獲派克百分的評比，自此膜拜酒正式踏入世界高級葡萄酒的殿堂。

即使在拍賣會中，膜拜酒也成為焦點商品，與波爾多或布根地的葡萄酒同樣受到買家關注。

熱門投資標的——紐約葡萄酒

除了加州以外，其他的美國葡萄酒近年來也開始受到世界各國的矚目。

例如維吉尼亞州就是其中之一。當年白宮招待法國總統歐蘭德的國宴上，提供的就是維吉尼亞的氣泡酒，讓維吉尼亞州的名氣一飛沖天（雖然法國人對於美國竟然選擇這麼沒有名氣的葡萄酒而忿忿不平）。另外，維吉尼亞州還有川普總統私人的「川普酒莊」，因此聲名大噪。

奧勒岡州則有布根地的釀酒廠進駐。因為當地的氣候或土壤等風土條件與布根地類似，且以種植黑皮諾為主流。所以，近年來布根地的釀酒廠便聚集在奧勒岡州。他們用不同於布根地的手法帶出葡萄的個性，同時配合美國人的口味，釀造出果香較為濃郁的葡萄酒。

此外，不少想在葡萄酒事業一展身手的年輕釀酒師，放棄土地價格高騰的納帕谷，選擇在奧勒岡另闢戰場。

而華盛頓州也在奎西達（Quilceda Creek）酒莊榮獲派克的百分評比以後，開始小有名氣。二〇一一年，當時中國主席胡錦濤訪美時，白宮大手筆的準備二〇〇五年的奎西達宴客。自此華盛頓州成為眾所矚目的葡萄酒產區。

紐約州也與奧勒岡州或華盛頓州一樣，葡萄酒的產量開始增加。紐約州的葡萄酒產區共有兩處，其一是北部的哈德遜河谷，其二是長島（Long Island）的漢普頓。

其中漢普頓是上流社會聚集的高級度假勝地，有錢的紐約客夏天都在這裡避暑。華爾街（Wall Street）與漢普頓之間來來往往的直升機、哈德遜河上開往漢普頓的遊艇或小船，都是點綴曼哈頓（Manhattan）的夏日風情。而我以前任職的佳士得，一到夏季的星期五，大家都提早下班往漢普頓奔去。

漢普頓有各地湧入的富裕階層，白天有騎馬或馬球活動，晚上則有各種家庭聚會或慈善晚宴等，其中除了提供世界高級的葡萄酒讓人享用以外，也少不了漢普頓當地釀造的葡萄酒。

然而，漢普頓的葡萄酒，還是無法與美國西部的納帕谷相提並論。除了因地理環境無法與之相比以外，漢普頓的蟲害比較多，很難採用有機農法或生物動力法維持葡萄的品質。

不過，最近已經有崇尚自然農法的釀酒師開始挑戰有機製法，而且不少人紛紛響應。除此之外，也有米其林餐廳的明星廚師投資漢普頓的酒莊，甚至參與釀酒製程。所以，現在曼哈頓也喝得到紐約釀造的葡萄酒。

再者，對於什麼都要爭第一的紐約客而言，絕對無法忍受美國東部的葡萄酒會輸給西部。於是華爾街的金融人士或一些開發商等便集資，試著將漢普頓打造成納帕谷般高級的葡萄酒產地。

漢普頓的葡萄酒因有曼哈頓與當地有錢人作為客源，未來的發展可期，因此被視為一個穩健的潛力股而募得不少資金。這些投資讓漢普頓的葡萄酒一點一滴的提高品質，漸漸往高級葡萄酒邁進。

或許紐約的葡萄酒也有席捲全世界的一天。

紅酒素養六

國際最有影響力的派克評分制度

葡萄酒的年分對於品質有極大的影響。產區或酒款的優劣也年年不同，一般消費者很難從年分判斷葡萄酒的好壞。

因此，有人整理了葡萄酒的相關資料，以助人判斷。例如：年分表（Vintage Chart）記載各個地域的年分評比。只要參閱年分表，各個年分、各個地域的葡萄收成都一目瞭然。

品飲筆記（Tasting Notes）專門記錄各個酒款的評語與評分。另外，還收錄葡萄酒雜誌或知名葡萄酒評論家的評語等。葡萄酒的評比各式各樣，內容與方法也因人而異。

在這些評比中，國際間最有影響力的莫過於派克評分（Parker Points）。這是美國葡萄酒評論家羅伯特・派克所發表的一種評比。

派克原來是銀行的律師。他非常愛喝葡萄酒，甚至記錄了自己的感想，給葡萄酒打分數，然後跟親朋好友分享。

後來，他開始幫葡萄酒零售商的電子報寫文章。他的評論與品牌、價格無關，而是從消費者的立場公平的評比葡萄酒，因此在美國國內獲得廣大支持。

現今的派克評分在國際間已有舉足輕重的地位，成為消費者選擇葡萄酒時的標準，而且影響葡萄酒的價格。事實上，波爾多的酒莊在發布售價時，大都先等派克發表評比以後再做決定（不過價格也是派克判斷的標準之一，有時候派克也會故意延緩發表評比結果）。

派克的評比採百分滿點制，從五十分開始計算、風味二十分、香味十五分、整體品質十分與外觀五分，共一百分。評比標準如下表所示。

基本上，這個評比只代表派克個人的見解，並非代表全部。但一瓶好的葡萄酒至少需要八十分，而高品質的葡萄酒更要高達九十六分以上。

從二〇一八年七月到現在為止，榮獲派克百分評比的葡萄酒，共有六百三十二款葡萄酒。如被譽為波爾多傳奇的一九〇〇年的瑪歌、一九二一年的伊更堡、一九

■派克的評比標準

50～59分	劣質葡萄酒。
60～69分	平均以下。酸味或單寧過強。缺乏酒香。
70～79分	平均等級。不好不壞。買了不會後悔。
80～89分	平均以上。毫無缺點。
90～95分	風味複雜，優秀的葡萄酒。
96～100分	頂級葡萄酒，值得選購。

二九年的彼得綠堡、一九四五年的木桐與歐布里雍、一九四七年的白馬、一九六一年的拉圖與一九八五年布根地的羅曼尼・康帝等皆榜上有名、國際上鼎鼎大名的葡萄酒。

順帶一提，依產區別來看，壓倒性的以加州居多，其次是法國的隆河區與波爾多。

第七章

買進葡萄酒不是為了喝，比投資黃金還值得

一九九〇年代，美國矽谷（Silicon Valley）陸續進駐大型ＩＴ企業，連帶著納帕谷與索諾瑪這兩個葡萄酒產區也迅速成長。

同時葡萄酒界也開始引進ＩＴ技術，原本容易受人工與氣候影響的品質，可以透過電腦控管品質與大量生產。

美國市場急速成長

美國的大城市現在除了葡萄酒商店以外，超級市場的架上也有許多葡萄酒，逐漸擴大葡萄酒的客層。從前只有葡萄酒業者才造訪的納帕谷或索諾瑪也搖身一變，成為加州的知名觀光景點，因此陸續進駐一些高級餐廳、水療中心或特產店等。

目前當地觀光客絡繹不絕，已經成為一個的觀光勝地。

隨著ＩＴ泡沫期與金融泡沫期的發展，葡萄酒文化也終於在美國開花結果。

隨著景氣上升，美國掀起一股高級葡萄酒的熱潮。葡萄酒成為電視或報章雜誌等的熱門話題。於是，高級葡萄酒的市場越來越大，拍賣會上也陸續刷新國際成交價格。

此外，當二〇〇〇年掀開序幕以後，千禧年（millennium）的熱潮讓美國的香檳訂單暴增，全國上下掀起一股異常的葡萄酒熱潮。

不過，二〇〇一年九月十一日美國遭受多起恐怖攻擊。觀光客就不用說了，連當地居民也紛紛走避，讓整個紐約變得死氣沉沉。

即便如此，當時的紐約市長朱利安尼（Rudy Giuliani）仍然取消自肅（按：自我克制、不享樂）活動，盡一切努力恢復景氣。於是，同年十一月舉辦的拍賣會，競標比平常更為踴躍，葡萄酒的商業活動回歸常態。

之後，美國因景氣好轉，而順利擴展高級葡萄酒市場。此外，美國版《鐵人料理》（*Iron Chef*）的高收視率，也進一步拓展高級葡萄酒的市場。

紐約的明星級廚師因為有金主的支持，陸續開張知名餐廳或時髦的俱樂部。配合這波開店潮，幾十萬甚或幾百萬日圓的葡萄酒紛紛出籠，相對的刺激市場需求。

此時，葡萄酒拍賣會也開始出現餐廳業者的身影。只要客戶指定某一款高級葡萄酒，餐廳拿出來的酒瓶還會有拍賣行的標籤（所有成交的葡萄酒，酒瓶上都會有拍賣行的標籤）。

高級葡萄酒的需求量升高以後，紐約拍賣行也開始推出一些高價的葡萄酒，其中不乏歐洲罕見的珍品。長期以來，與倫敦伯仲之間的紐約拍賣行，業績瞬間超越倫敦，而且不斷刷新世界成交紀錄。各大拍賣行也卯足了勁，除了夏季以外，每個禮拜幾乎都有盛大的拍賣會。

這個盛況並非只在紐約出現，其他像是ＩＴ大本營的舊金山、娛樂重鎮的洛杉磯、美國第四十三位總統布希的老家與石油產地的德州、觀光勝地邁阿密、期貨交易中心芝加哥、政治樞紐華盛頓哥倫比亞特區、波士頓與紐波特等，高級葡萄酒逐漸在各大城市拓展勢力，讓美國國內的葡萄酒市場越來越龐大。

雷曼風暴與中港的崛起

話說回來，當二〇〇八年美國的葡萄酒交易額達到尖峰時，發生打擊全球經濟的雷曼風暴（Lehman Shock）。

葡萄酒的商業市場同樣受到這個金融風暴影響。即使我不斷拜託出品者降低競標底價，但拍賣會的事前投標幾乎無人問津。即使過去成交率高達九五％以上的拍賣行，當時的市場也一下子萎縮，降至五〇％以下。

相反的，過去拍賣行的生面孔，例如俄國、南美、澳門等躲過雷曼風暴的地區，卻積極參與競標；順帶一提，二〇〇一年發生恐攻也看得到這個現象。過去對於葡萄酒沒有興趣的國家，以投資股票的概念即時進場，大量購買高級葡萄酒。

我想那些在恐攻與雷曼風暴後投資葡萄酒的人，應該都大賺一筆吧。

正當葡萄酒因為雷曼衝擊而低迷時，中國的龐大市場提供一線生機。發生雷曼風暴時，香港將葡萄酒的進口稅從四〇%降到零關稅。於是，各大拍賣行紛紛將葡萄酒拍賣會移轉到香港，同時積極搶攻景氣復甦的中國市場。香港作為亞洲葡萄酒的流通樞紐，除了中國以外，觸角更拓展到過去與葡萄酒無緣的臺灣、新加坡或馬來西亞等國。

中國之所以掀起葡萄酒熱潮，是因為在二〇〇八年的拉菲酒瓶，有一個中國視為幸運號碼的「八」。所以這款酒在推出以前，價格便飆漲二〇%，上市後更是翻了好幾倍。因為太過搶手，甚至造成市面上假酒氾濫。

中國市場的反應熱絡，連帶著拍賣會中的高級葡萄酒的價值跟著提升，但價格高騰的背後，其實都靠中國客戶「支撐」。過去的收藏家習慣買下葡萄酒後，再放個十年。但中國的消費者卻是在成交後，立即一仰而盡。世界上的高級葡萄酒喝一瓶少一瓶，在物以稀為貴的效應下，價格便越來越貴。

二〇一四年，葡萄酒因為中國人而創下歷史性的成交價。那是蘇富比（Sotheby's）在香港拍賣會中推出的「超級」拍品——羅曼尼・康帝。

這批拍品共有一百一十四瓶，是第一代網頁瀏覽器「網景通訊」（Netscape）的創辦者詹姆士・克拉克（James Henry Clark）的珍藏品。雖然年分不同，但用同一個拍品編號推出。

香港的成交價為一千兩百五十六萬港幣，換算成臺幣的話，竟然高達新臺幣五千萬元。也就是說小小一瓶酒就要價約新臺幣四十四萬元，這個成交價創新世界紀錄。當時我就在現場，我還記得搶下這個世界成交價的中國人是靠電話競標的。目前葡萄酒的價格之所以持續攀升，中國市場也是一大主因。

但目前高級葡萄酒的中國市場出現疲軟的現象。那是因為二〇一二年，習近平就任中共總書記以後全力掃蕩貪汙、腐敗與推動清廉運動的緣故。

過去中國習慣藉著送禮的名義，採購高級葡萄酒。但因為政府的祭旗，多多少少降低葡萄酒禮品市場的交易。

再者，中國國內也因為假酒橫行，讓葡萄酒的交易逐漸衰退。過去所向披靡的中國投資客，在二〇一三年與二〇一四年的拍賣會中呈現疲態，交易量從二〇一一年的鼎盛期驟減四〇%。

話雖如此，成交量與價格仍然高於雷曼風暴以後的水準，甚至超過全盛期，中港市場的交易仍然熱絡。

葡萄酒的投資現況

近年來，葡萄酒的「投資」市場變得越來越旺盛。二〇〇四年，英國推出SIPP（Self-Invested Personal Pension，個人養老金投資基金），葡萄酒也因此成為稅率優惠的對象。

於是，葡萄酒的投資事業受到歐美的關注，從英國開始，各個國家相繼成立葡萄酒基金。金融或證券公司都將葡萄酒列入投資品項，而且規模越來越大。

除此之外，雷曼風暴以後美國的財經報紙經常出現「SWAG」一詞。這原來是美國年輕人常用的俚語，一般指「品味」或「時髦」。但財經報紙寫的SWAG是銀行（Silver）、葡萄酒（Wine）、藝術（Art）與黃金（Gold）的縮寫。

這是經濟學家約翰．羅斯曼（John Rossman）在投資理財雜誌發表的理論，宣傳如何透過股票選擇適合投資的商品。之後，美國商人彭博（Bloomberg）也推測高級葡萄酒的投報率比黃金更高。

那些因為雷曼風暴損失慘重的投資家，在接受這些資訊以後，便紛紛改為收藏葡萄酒。除了歐美投資家以外，中國新貴也加入葡萄酒的收藏行列，讓葡萄酒攀升到歷史罕見的價格。

這些背景讓世上不少投資家轉向葡萄酒。對於他們而言，葡萄酒的魅力就在於它的特殊性。

葡萄酒是唯一會因為附加價值與稀有性，讓價格變動的商品。例如葡萄酒的年分會影響葡萄酒的附加價值，即使是同一款葡萄酒，也會因為生產年分讓價格天高地別，這也是其他商品罕見的現象。

除此之外，葡萄酒的數量隨年遞減。因此，在物以稀為貴的背景下，價格當然水漲船高。

再者，基本上葡萄酒是一種年分越久、價格越貴的商品，當然也會因為葡萄酒的型態或儲存方法而不同。但相對於不動產會因為年數而降低售價，葡萄酒雖然屬於食品，但因為沒有賞味期限，所以沒有腐壞的問題。事實上，葡萄酒是歷久彌珍，放得越久價值越高的商品。

當然，葡萄酒也有所謂的適飲期。過了這個飲用期以後，葡萄酒就會越來越不受歡迎。不過，這些酒反而有一種「懷舊」的附加價值，因此仍吸引不少愛好者收藏。

除此之外，不難交易也是魅力之一。基本上，葡萄酒只要靠酒款與年分就可以找到買家。國際間不乏葡萄酒粉絲，而市場越來越大也是一大魅力。國外的男性或財經雜誌時常報導高級葡萄酒，這些都足以顯示，葡萄酒是吸引社會大眾的話題。

葡萄酒的投資並不僅限於商品（指買賣葡萄酒）。也包含併購酒莊（M&A，Mergers and acquisitions）、投資設備、擴展葡萄園或研發周邊商品等各種商機。

從二〇一三年起，中國人就開始併購波爾多的知名酒莊。當這些酒莊陸陸續續落入中國人手中以後，當地也興起一股反對併購的浪潮。

然而就在這個時候，中國某併購集團的直升機在飛行途中，莫名其妙的摔進加龍河。當然這起事故是駕駛操縱失誤的緣故，但卻讓後來的中國投資客卻步，於是整個併購風潮告一段落。

加州的酒莊也不斷有大企業進行併購。例如位於加州納帕谷、創下十三次派克滿點紀錄而號稱膜拜酒之王的施拉德酒莊（Schrader Cellars），就被飲料大廠星座集團（Constellation Brands）以六千萬美元（約新臺幣十八億六千五百萬元）的高價買下。

施拉德酒莊的年產量極少，僅僅兩千五至四千箱左右。如果是看中它的市場的話，根本不可能回本。所以一般以為，星座集團之所以願意高價併購，是因為施拉德手上的顧客名單。

我曾經參加一場歡迎施拉德莊主弗萊德・施拉德（Fred Schrader）的晚宴，出席者全是頂尖的上流人士。其中，某位名醫是施拉德的鐵粉，聽說家裡有一個大型酒櫃專門用來儲存施拉德的葡萄酒，而且門板上還鑲有施德拉酒莊的標誌，可見多麼狂熱。

這些狂熱的富豪顧客，對於施拉德而言，是六千萬美元無法比擬的無形資產，我想這才是吸引星座集團的原因。

除了施拉德以外，加州不少酒莊都有狂熱的粉絲支撐。或許今後會興起一股大企業的併購潮。

葡萄酒的熱門商機

葡萄酒界除了有大規模的併購以外，相關物品也有人投資。例如不需要拔掉軟木塞，就可以倒酒的超級創意「卡拉文」（Coravin）取酒器（見圖7-1），就募得六千四百三十萬美元（約新臺幣十九億九千萬元）的資金。現在已經在世界各國行銷。

此外，金融人士、ＩＴ企業的管理階層、哈佛大學工商管理碩士、麻省理工學院（Massachusetts Institute of Technology，簡稱ＭＩＴ）學生等，各個看好葡萄酒市場的精英也開始參與葡萄酒的相關市場。

從葡萄酒的網路行銷到研發應用軟體、會員制俱樂部或周邊物品等，各種領域都看得到葡萄酒的新商機。

例如擁有龐大資料庫的葡萄酒評論網站「Cellar Tracker」就是其中之一。

圖 7-1 輕鬆的取酒器卡拉文。
©JGuzman

創辦者從哈佛大學畢業以後，進入微軟就職。原本就喜歡喝葡萄酒的他，決定將興趣轉為事業，便在二〇〇三年創辦 Cellar Tracker。

當初他只是基於個人的興趣，玩票性質的開發數據程式。沒想到會員一下子超過一百人，登錄的資料高達六萬筆。於是他便在二〇〇四年正式推出商業服務，其網頁見下頁圖 7-2。

因為 Cellar Tracker 擁有龐大的資料庫，而且使用搜尋引擎最佳化（search engine optimization，簡稱 SEO），所以只要輸入葡萄酒名，馬上就會出現搜尋結果。該網站已經成為葡萄酒愛好者必定造訪的網站。從二〇一八年的資料來看，現在會員數已經超過五十三萬人，而且數據庫的資料驚人，單單酒款就有兩百六十萬種，評論也高達七百四十萬筆。

除此之外，經營線上交易的倫敦國際葡萄酒交易所「Liv-ex」，將一百款高級葡萄酒與五十種五大酒莊的頂級葡萄酒，透過投資組合讓交易價格指數化與推移趨勢。

該公司在參考影響葡萄酒價格的各種條件，如那斯達克（NASDAQ）、紐約道瓊

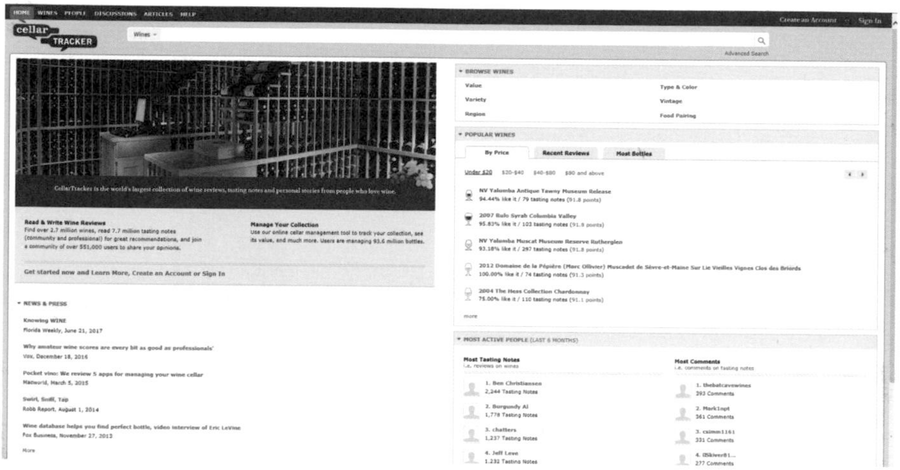

圖 7-2 Cellar Tracker 官方網站首頁，這裡登錄了許多葡萄酒的資料和評論。

指數（Dow Jones）或經濟形勢等後，用數字呈現如左頁圖 7-3。因此，Liv-ex 成為全球葡萄酒業者每天必定追蹤的網站。

Liv-ex 公司由兩名具備投資與財經背景的金融界人士所創立。兩人因為察覺到葡萄酒的商機，因此轉換跑道拓展葡萄酒市場。

另外，還有企業看好葡萄酒的市場需求與稀有性，希望藉此抬高自家品牌的形象。例如總部位於阿拉伯杜拜的阿聯酋航空（Emirates）就洞燭先機，比其他企業搶先一步行動。

阿聯酋航空的葡萄酒採購計畫起始於二〇〇六年，當年投入六億九千萬美元採購一百二十萬瓶葡萄酒。該航空有一個兩百二十萬瓶容量的巨型酒櫃，一年可提供一千一百四十萬瓶葡萄酒。說到二〇〇六年，正是高級葡萄酒興起的年代，當時掀起一股空前的熱潮。再加上中國還是個未開發市場，因此就時間點而言，簡直是最佳的投資時機。

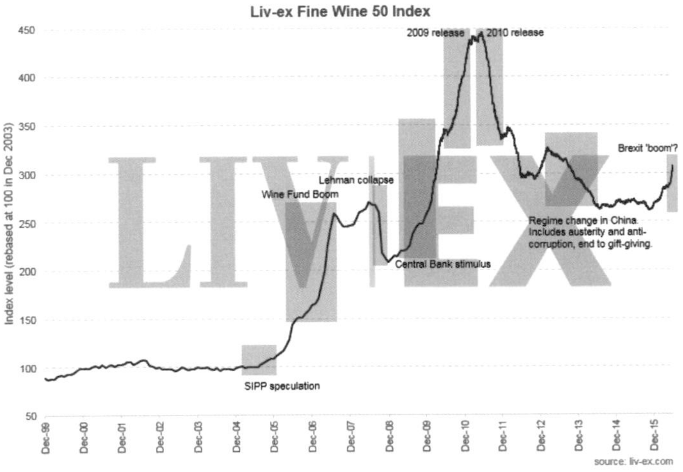

圖 7-3　Liv-ex 的走勢圖。只要是與葡萄酒價格相關的重大事件在圖中均一目瞭然，例如雷曼風暴等。

除此之外，阿聯酋航空更於二〇一四年，發表一個五億美元的十年採購計畫。該航空雖然囤了許多波爾多的高級葡萄酒，但今後仍鎖定波爾多的期酒，希望透過這些長期熟成的珍品，提供航空界至高無上的飛機餐。

就葡萄酒的投資類型而言，資本雄厚的企業可以像阿聯酋航空一樣，趁著葡萄酒年輕的時候買進，然後等它慢慢熟成。因為葡萄酒並不是三兩下就能夠回本的商品，而是需要幾十年的淬煉才能打造出它的價值。或許有一天，某些高級葡萄酒只能搭阿聯酋航空才喝得到。

二〇一五年，該航空為了配合新航線，花了一億四千萬美元，從新世界（澳洲、紐西蘭或加州等）買進一千三百萬瓶以上的葡萄酒，充實服務內容。我想阿聯酋航空今後應該會持續擴大這個他們引以為傲的葡萄酒強項。

魯迪假酒案

雖然葡萄酒業界有光鮮亮麗的一面，但也有黑暗的一面。因為凡是有錢滾動的地方，必定有蠢蠢欲動的人心。例如義大利的奇揚地，被一些偷工減料的葡萄酒打壞名聲。在中國市場抬頭以後，更是假酒橫行。

其中最大的打擊莫過於二〇一二年震驚整個葡萄酒界的醜聞。那就是美國的魯迪（Rudy Kurniawan）假酒案。

話說魯迪是在二〇〇一年與二〇〇二年左右，開始進出拍賣會的。當時的拍賣會幾乎是白種人男性的天下，因此，當一位亞裔男性不惜千金的喊價搶標以後，立即成為鎂光燈的焦點。

事實上，真正讓魯迪打響知名度的，是前面介紹過的二〇〇四年多麗絲・杜克珍藏展。當天的會場擠進各路媒體，只見魯迪一身歐洲高級西裝瀟灑入場，同時毫不手軟的一件一件買下多麗絲的珍藏。他的一舉一動任誰也相信他就是貨真價實的收藏家。

魯迪總是一副冷靜沉穩的樣子，不喜歡談論私事，營造一種神祕感。相反的，在BYOB（按：Bring Your Own Bottle，自備酒品）的聚會中，他也會帶羅曼尼・康帝或一些罕見的葡萄酒炒熱氣氛，發揮長袖善舞的一面。

這些一擲千金、慷慨的形象，讓拍賣會的員工紛紛謠傳：「你知道嗎？聽說他就是誰誰誰的第二代呢。」現在回想起來，說不定當時他帶來的那些酒根本就是假貨。

在這種手法下，魯迪成功的擴大社交圈，建立起信譽與名聲的同時，還拓展假酒的行銷網。

魯迪常受邀出席開幕晚宴（按：pre-auction dinner，指拍賣會前一天招待貴賓的晚宴，會場中提供各種高級葡萄酒），對於葡萄酒有一定的眼力。這個經驗讓他懂得如何用便宜貨表現出年代久遠的羅曼尼・康帝、一九九〇年代的白馬或亨利・賈葉等風格。

這些假酒配方直到他被FBI逮捕以後，才公諸於世。原來這些所謂的頂級葡萄酒，就是便宜的智利酒與年分久一點的波特酒混合，然後加上一些磨碎的香料，就像日本料理習慣加上一、兩滴醬油提味一樣。這些小聰明讓他偷龍轉鳳，而且還騙倒一大堆葡萄酒專家。

聽說這些高級葡萄酒中，最讓魯迪頭痛的是彼得綠堡的標籤。彼得綠堡的標籤採用特殊紙質與印刷方法，而且每幾年便稍微變更一下設計。經過解密才知道，原來魯迪在印尼家鄉找到手感與顏色貼近的材料，私造彼得綠堡的標籤。

此外，他也將真酒瓶裡的葡萄酒調包。現在回想起來，說不定他就是利用拍賣會的開幕晚宴或其他會飲，將酒瓶偷偷帶回家。

魯迪就這樣慢慢走向假酒之路。二〇〇六年，紐約舉辦過**一場魯迪的個人收藏展，兩天之內竟然創下兩千六百萬美元的成交量**。

然而，這個時候已經開始有人謠傳他的葡萄酒有問題。事實上，魯迪在二〇〇七年佳士得上提供的一九八二年產樂邦，被主辦單位判斷為假貨而在拍賣會前兩天下架。

二〇〇八年，他提供一批一九四五年至一九七一年產垂直年分（按：vertical lot，指不同年分但同一款葡萄酒）的拍品——布根地彭索酒莊（Domaine Ponsot）的聖丹尼園（Clos Saint-Denis），他的目標就是那些熱愛彭索的收藏家。

然而，這次的委託拍賣卻讓他開始露出馬腳。因為當時的彭索莊主勞倫・彭索特（Laurent Ponsot）抱怨：「我們這款葡萄酒一九八二年才頭一次推出，怎麼可能會有一九四五年到一九七一年的年分？」

不久美國大富豪比爾・科克（Bill Koch）也上法院控告魯迪販賣假酒。他懷疑在拍賣會上買到的一九七四年產的彼得綠堡、一九四五年產的慕西尼（musigny）還有一九三四年產的羅曼尼・康帝都是贗品。

終於二〇一二年三月八日的早晨，魯迪在他位於加州的豪宅中遭到逮捕。當FBI踏入他家時，到處都是高級葡萄酒的空酒瓶（見圖7-4），還有印尼印製的標籤、軟木塞、圖章與交易的詳細紀錄等。最後魯迪被判處十年牢刑，這個驚動整個美國的假酒事件才總算落幕。

圖 7-4　魯迪做的假酒極其精巧、幾可亂真。一般人很難分辨真假。

這個假酒事件也讓承辦的拍賣行信譽掃地。因為這個慘痛的教訓，讓所有拍賣行更加小心謹慎，只要有一丁點的可疑就拒絕委託。

例如施氏佳釀的紐約總部就有FBI認證的鑑定家，仔細確認拍品的真假。此外，他們還有一些防範措施，例如凡是喝完的空瓶子都在標籤上畫上幾筆，以防有人將空瓶子帶回去廢物利用。

諷刺的是，魯迪的假酒案雖然造成葡萄酒界的紛紛擾擾，卻也因此讓拍賣行建立起可昭公信的體制。

日本也是假酒的溫床

當時，鐵口直斷魯迪的葡萄酒全是假貨的人，是葡萄酒界的女福爾摩斯——鑑定家莫琳・唐妮（Maureen Downey）。根據她的推算，魯迪的假酒獲利驚人，應該高達一百二十億日圓（約新臺幣三十四億元）以上。

雖然魯迪被逮捕了，但受害的狀況並未受到控制，反而持續擴大。據說當時市面上還有六百億日圓（約新臺幣一百七十二億元）左右的假酒流竄。FBI所沒收的假酒只是一小部分，沒有人知道剩下的酒假到底流向何方。

歐美的媒體每天大幅報導魯迪遭捕的消息，使得那些原本到處蒐購高級品的收藏家，也開始對一些來歷不明的葡萄酒持觀望的態度。

事實上，那些消聲匿跡、價值六百多億日圓的假酒都流向亞洲。起初大家以為是流入中國；但中國國內早就有一大堆粗糙的假酒，因此消費者的警覺性較高，不會輕易接受本質或來歷曖昧的葡萄酒。

接下來受到矚目的是日本市場。唐妮推測魯迪的假酒應該大部分流向日本。她甚至擔心日本人缺乏警覺心，可能會成為魯迪假酒的最大受害者。

事實上，我就在日本看過造假的一九三四年產的羅曼尼•康帝。在二〇〇四年舉辦的多麗絲•杜克收藏展中，這款酒是展會中的焦點，因此，我曾拿在手上仔細看過幾次。我在日本看到那瓶假酒，就是用魯迪假造的標籤，且軟木塞的封蠟十分粗糙。

遺憾的是，沒有實際看過真品的人，應該很難判斷其中真假。特別是年代越久的標籤，越容易模仿。再說當時的印刷技術或字體也不複雜，只要調整一下顏色，就能讓標籤看起來有一點滄桑老舊感。

當時的標籤紙並沒有使用特殊材質，只要用砂紙摩擦幾次，故意滴上兩滴劣質的葡萄酒，看起來就會像頗有年分的樣子。

軟木塞也一樣。只要選擇舊一點的材質或者蠟封得厚一點，將整個軟木塞遮住即可。因為這些小地方，除非是專家，否則一般人很難看出其中一二。真假葡萄酒放在一起比較當然容易分辨，不過只從酒瓶的外觀卻是很難判斷。

因此，我建議日本的消費者在選購高級葡萄酒時，最好不要自行判斷。最保險的方法是選擇有口碑的販賣店或透過拍賣會。

紅酒素養七

葡萄酒的七大保存準則

在保存葡萄酒時，有七個重要的準則，那就是：

- ●維持溫度在攝氏十三度左右。
- ●避免強光。
- ●控制溼度在六〇%以上。
- ●酒瓶橫向。
- ●避開風口。
- ●不受異味干擾。
- ●避免搖晃。

首先，保存葡萄酒的第一準則是將室溫維持在攝氏十三度左右。因為溫度過低會影響葡萄酒的熟成，溫度太高又會讓葡萄酒熟成太快而加速變質。

此外，強光也會讓葡萄酒熟成得更快，太陽光就不用說了，其實連日光燈也須特別注意。

溼度對於葡萄酒也極其重要，需要維持溼度六〇%以上。如果空氣太乾，便可能因為軟木塞的萎縮讓空氣或細菌滲透，導致葡萄酒氧化或變質。其實，葡萄酒之所以橫向擺放，就是確保軟木塞與葡萄酒的接觸面，避免軟木塞乾燥。除此之外，葡萄酒也不得吹風，因為同樣會讓軟木塞龜裂。因此，避免風口也是保存葡萄酒的重點之一。

葡萄酒是一種需要小心呵護的飲品。如果與味道濃烈的物品一同存放，也會讓軟木塞沾上味道，影響葡萄酒原有的風味。

以上介紹的都是保存葡萄酒時，應該特別注意的事項。其實，一樘小型的酒櫃只要兩、三萬日圓。我個人認為是保存葡萄酒不錯的選擇。

第八章

葡萄酒產區的未來與展望

近年來，那些被稱為葡萄酒新興國、歷史較淺的產區，也為了提高葡萄酒的品質，而努力研發物美價廉的葡萄酒。其中，最受好評的首推智利的葡萄酒。

一流酒莊與智利的開疆闢土

智利的葡萄酒背景可以遠溯至十九世紀後期。當時，歐洲的葡萄產區因為根瘤蚜蟲的入侵，陷入一片苦戰。於是，釀酒廠便遠渡重洋尋找沒有根瘤蚜的淨土。最後選中的就是新大陸的智利。

智利的葡萄園位於安地斯山脈，這裡是南北向的封閉山谷，害蟲難以入侵。因此，智利成為世上少數不見根瘤蚜的產區，讓世界各地的釀酒師紛紛慕名而來。於是，智利的葡萄酒便在這樣的背景與當地釀酒廠的加持下蓬勃發展。

智利雖然是葡萄酒的新興國，其實原本不乏歷史悠久的酒莊。只不過因為釀酒技術有斷層，而造成技術的瓶頸。

此外，智利葡萄酒的價格不高，全是因為勞工便宜、成本較低。可惜的是，有些人卻利用這個優勢釀造劣質葡萄酒，破壞行情，導致外界對智利葡萄酒的印象就是「便宜沒好貨」，以至於智利遲遲無法在葡萄酒界鹹魚翻身。

特別是一九九〇年以前，智利葡萄酒的國際市場尚未穩定。即使最大的美國市場也開始釀造價格導向的葡萄酒，讓智利的地位岌岌可危。另外，店鋪裡的陳列也有大小眼之分，智利的葡萄酒當然都擠在不起眼的角落。

即便如此，智利的強項是寬闊的葡萄園與龐大的行銷網。首先意識到這個優點的是法國的知名酒莊。於是，這些酒莊便幫助智利提升釀酒技術，同時透過龐大的銷售網打入智利的市場。

例如智利國內一七五〇年成立的羅斯酒莊（Los Vascos）便納入波爾多五大酒莊中的拉菲旗下（見圖8-1）。兩家酒莊的策略聯盟打造出**波爾多級的智利葡萄酒**。

圖 8-1 羅斯酒莊納入拉菲旗下後推出的葡萄酒。

新崛起的羅斯酒莊有波爾多一級酒莊無可比擬的品質，與僅僅十分之一的價格。這個無與倫比的性價比讓羅斯酒莊一夕成名，成為美國市場的搶手貨。

除此之外，木桐酒莊也與智利最大的孔雀（Concha y

Toro）酒廠合作，推出愛馬維瑪（Almaviva）葡萄酒（見圖8-2）。事實上，該酒莊早在進軍智利的市場以前，便有與加州的羅伯特・蒙岱維公司合作的經驗，同時打造鼎鼎大名的第一樂章。

木桐酒莊的第二步就是與智利的老字號酒廠合作，推出愛馬維瑪。這款葡萄酒以波爾多的卡本內・蘇維濃品種為主，法國酒莊與智利合作的特級葡萄酒甫推出，便廣受市場好評，現在更是拍賣會中高級葡萄酒之一。

如同以上的說明，法國的知名酒莊在一九九〇年代後期進軍智利以後，逐漸改變外界的負面風評，成為一個「潛力無窮」的葡萄酒產區。

之後，各界投資紛紛而至，讓智利的葡萄酒脫胎換骨，新的酒廠相繼林立，而且成功翻轉過去的負評，華麗變身為大眾眼中「物美價廉」的葡萄酒。

圖 8-2　木桐酒莊與孔雀酒莊合作的愛馬維瑪葡萄酒。

物美價廉的智利葡萄酒在日本有一定的市場。但之所以能壓低售價的原因與關稅有關。因為日本對於進口葡萄酒一般徵收一五%的關稅；但是，在二〇〇七年時，智利與日本簽訂了經濟夥伴協定（Economic Partnership Agreement，簡稱EPA）以後，便降低關稅。直至二〇一八年，進口的葡萄酒仍只徵收一・二%的關稅。二〇一九年以後更是全面零關稅。

因此，日本從智利進口的葡萄酒一下子驟升，二〇一六年的統計值甚至超過法國與義大利，成為智利葡萄酒的最大出口國。例如在日本進口葡萄酒中，名列前茅的聖海倫娜（Santa Helena）酒莊的羊駝（Alpaca）與孔雀酒莊的旭日（Sunrise），因為物美價廉成為日本市場的寵兒。在各大葡萄酒商店、超級市場或便利商店都看得到。

在這些智利葡萄酒中，名氣最大的應當是鑑賞家（Cono Su）酒莊。這家酒莊成立於一九九三年，希望透過新興國的創意與技術，讓葡萄酒改頭換面。總而言之，就是提供價美物廉輕飲型的葡萄酒。

二〇〇〇年，有些酒廠開始嘗試大量生產以外罕見的有機農法。鑑賞家酒莊貫徹腳踏車的農耕概念，反而成為該酒莊的特殊標誌。因此，該酒莊的葡萄酒上都看得到腳踏車的標誌（見下頁圖8-3）。

鑑賞家酒莊更利用這個「腳踏車」的品牌形象，成功打造世界品牌。

鑑賞家酒莊當初鎖定的市場是環法自行車賽（Tour de France）。這個賽程在日本雖然沒有什麼名氣，卻是一個擁有一千兩百萬觀眾，號稱與奧運或世界盃並駕齊驅的世界三大賽事之一。

環法自行車賽的選手憑著一輛腳踏車在三個星期中，騎遍三千三百公里的法國國土（按：主要在法國進行，有時也會出入周邊國家，如英國、德國等）。參賽者奔馳法國各地葡萄園的精采情景，也是我每年引頸期盼的樂趣之一。

鑑賞家酒莊看重的就是環法自行車賽的規模、媒體的爭相報導與舉世的關注，因此選擇腳踏車做為該酒莊的品牌標誌。

二〇一四年，該酒莊成為葡萄酒界唯一贊助環法自行車賽的廠商，同時在首站英國西約克郡利茲市的開幕前後，舉辦各式各樣的宣傳活動。

圖 8-3　鑑賞家酒莊貫徹腳踏車農耕概念，而成為特色，並以此為標誌。

同樣是二〇一四年，鑑賞家酒莊在進軍英國市場以後，陸續攻下劍橋、倫敦，最後成功進入法國市場。最重要的是，該酒莊在環法自行車賽首站的英國竟然大獲全勝，業績高出去年的七三・六%。

除此之外，智利鄰近的阿根

廷也開始嶄露頭角。阿根廷的葡萄酒產區橫跨智利邊界的安地斯山脈。這個地形同樣百蟲不侵，因此有不少標榜有機農耕的葡萄酒廠。

位於南半球的阿根廷，不管是葡萄的收成或葡萄酒的出貨都與北半球不同，因此自有不同的賣點。一九九〇年代，阿根廷受到海外資金的投注以後，釀酒設備開始量產，同時朝近代化發展。根據二〇一七年的資料顯示，阿根廷已成為世界的葡萄酒大國，產量高居全球第六名。

其中的門多薩（Mendoza）產區更囊括阿根廷三分之二以上的葡萄酒。阿根廷的葡萄品種以馬爾貝克（Malbec）為主。該品種大都用於紅葡萄酒，顏色比其他品種來得濃豔，散透出一種濃郁的形象。

潛力無窮的紐西蘭

紐西蘭也是最近崛起的葡萄酒產區之一。紐西蘭的葡萄酒歷史可以追溯到一八四〇年，被英國殖民時期。優渥的氣候與土壤打開紐西蘭的葡萄酒潛力。

然而，第二次世界大戰以後，紐西蘭的葡萄酒開始出現一些加水摻糖的劣質貨，從此打壞紐西蘭的名聲。

這個從來不被市場看好的產區卻因為一九八〇年代，某大廠的白葡萄酒（以白蘇維濃為主）在世界大賽中奪得頭籌，讓社會大眾重新認識紐西蘭葡萄酒的潛力。

與加州納帕谷等知名的葡萄酒產區相比，紐西蘭的不動產價格相對平穩，因此成為投資客的標的。於是，世界各國的釀酒師便在這片土地上開疆闢土，讓紐西蘭的葡萄酒在這二十年內如同鯉魚躍龍門般脫胎換骨。

近年來，紐西蘭的紅葡萄酒逐漸受到矚目。不少專家推崇紐西蘭的土壤與氣候更適合種植葡萄，甚至預測布根地的黑皮諾有朝一日將被紐西蘭取代。

其實，黑皮諾是一種難以駕馭的品種，簡直是葡萄酒新興國的拒絕往來戶。不過，紐西蘭得天獨厚的環境卻讓黑皮諾有一線生機。因此，或許不久的將來，紐西蘭也釀造如羅曼尼・康帝的黑皮諾好酒。

紐西蘭的葡萄酒便因此在國際間建立起名聲，而且大都銷往國外。以前的市場以美國、英國與澳洲為主，但現在也開始輸往亞洲各國，而且獲得好評。不少釀酒廠看好亞洲的景氣，因此募集資金，在此一展身手。

除此之外，近年來一些日籍的釀酒師也在紐西蘭嶄露頭角。

在他們堅持利用有機或自然的農耕方法之下，釀造出來的葡萄酒也獲得海外的一致好評。

圖 8-4　使用螺旋瓶蓋的紐西蘭葡萄酒。

順帶一提，**紐西蘭的葡萄酒**不管是高級葡萄酒或是日常餐酒，都看不到軟木塞，而**是螺旋瓶蓋**（見圖 8-4）。對於一般消費者而言，或許對於這種不需要開酒器的螺旋瓶蓋有一種「沒有軟木塞的算什麼葡萄酒」的想法。

不過，事實並非如此。

當葡萄酒開始採用螺旋瓶蓋的時候，輿論盡是「便宜貨」、「容易變質」或者「軟瓶葡萄酒」等負面評價，而且葡萄酒愛好者也一片撻伐。不過，實際用了以後，卻也沒有那麼糟糕。甚至有些消費者宣稱旋螺瓶蓋更適合葡萄酒。

在軟木塞與螺旋瓶蓋的論戰中，軟木塞派雖然強調葡萄酒的熟成效果，但事實上，即使螺旋瓶蓋也能適度的跑進一些空氣，讓葡萄酒慢慢的熟成（但熟成時間會更長）。

螺旋瓶蓋派主張，這種開瓶方式能保護資源與避免軟木塞變質（按：bouchoneé，即英文的 corked，指細菌的氧化）。因為全世界的葡萄酒中，約有三%到七%的氧化因為軟木塞所引起。

話說回來，用於高級葡萄酒的軟木塞當然不是次級品，因此能大幅降低變質機率。

中國人最愛的澳洲葡萄酒

其實世界上第一個採用螺旋瓶蓋的，是澳洲的葡萄酒。

澳洲的葡萄品種與紐西蘭同樣來自於歐洲。世界大戰以後，一些有葡萄種植或釀酒經驗的歐洲人，相繼從法國、義大利與德國紛紛湧入。於是，澳洲從十九世紀後期開始釀造葡萄酒，同時逐漸發展成一個新興大國。

澳洲的葡萄酒產業在二〇一七年的出口量與貿易額都創下歷史新高。該年出口額年增一五%，出貨量增加八%。其中，特別是對中國的出口量增加了六三%，一瓶兩百美元以上的葡萄酒增加了六七%。

二〇一五年，因中澳兩國自由貿易的關稅優惠協定，使澳洲葡萄酒出口量暴增。二〇一九年關稅降低為零以後，葡萄酒的出口量越來越多。

澳洲的葡萄酒以西拉（Shiraz，也就是歐洲的 Syrah）品種為主，其中**最頂級的莫過於奔富（Penfolds）酒莊**出產的葛蘭許（Grange，見圖 8-5）。奔富酒莊其實與某個英國醫師一八四四年在澳洲南部開設診所有關。

圖 8-5　由奔富酒莊釀造的葛蘭許葡萄酒。

當時，奔富是一家專門製造醫療用加烈葡萄酒的廠商，後來將事業轉為一般消費用的葡萄酒。目前不管是產量或知名度都已高居澳洲第一。

葛蘭許一推出便獲得市場好評，但奠定它歷史地位的還是二○○八年，榮獲派克百分滿點的殊榮。自此以後，葛蘭許便一飛沖天。

其中，尤其最受中國市場的歡迎，葛蘭許在二○○八年榮獲派克的滿點評分，對於中國民情而言，是一個極大的好彩頭。因為二○○八年有北京的奧運，還有中國人最喜歡的幸運號碼「八」。

有關中國與葛蘭許的小道消息極多，例如某個中國人因為百家樂（baccarat）一夕致富，便在一個晚上花了十九萬澳幣（約新臺幣四十一萬元）將兩百多瓶的葛蘭許一仰而盡。此外，中國還發生過三千箱，高達五億日圓（約新臺幣一億四千萬元）的葛蘭許假酒案。這些都足以顯見葛蘭許在中國市場的行情。

葛蘭許在中國市場人氣鼎沸，進而成為英國或美國的珍品酒款。

葡萄酒界的優衣庫

據說世界上的葡萄酒品牌高達三萬多種，加上年分的話，更是無法計算。因此，葡萄酒就是競爭激烈的紅海市場，能被消費者選上的絕非泛泛之輩。想要穩固地位、爭得一席之地，更需要縝密的行銷策略。

於是，各個酒廠不是透過專家打造高級葡萄酒的招牌，就是拓展日常餐酒的客層。但話雖如此，葡萄酒也無法簡單的一分為二。對於葡萄酒迷而言，除了價格，產區、年分、葡萄品種、評論家或消費者的評語等都是他們幾經考量，斟酌下選定的。此外，有些葡萄酒迷喜歡冒險，尋找一些嗜好外葡萄酒。因此，消費者的走向並不容易掌握。即使單純的殺價競爭，也可能鬧個兩敗俱傷，更何況在紅海市場中，不乏被大企業吞噬的案例。

然而，在如此激烈的競爭中，有一個海外品牌卻在美國市場一枝獨秀。那就是澳洲生產的黃尾袋鼠（Yellow Tail）葡萄酒（見圖8-6）。

這款葡萄酒雖然價格便宜，卻有一定的品質，因而受到各個客層的支持。稱得上是葡萄酒界的優衣庫（Uniqulo）。

黃尾袋鼠是在一九五七年，從義大利西西里島移民至澳洲的飛利浦（Filippo）與瑪

圖 8-6　黃尾袋鼠葡萄酒，其酒瓶上顯眼的袋鼠圖案。

麗亞・卡賽拉（Maria Casella）夫妻所創立的品牌。

黃尾袋鼠之所以能打入美國市場，在於貫徹藍海策略（Blue Ocean）。黃尾袋鼠宣傳「輕飲」的品牌形象，捨棄過去上流社會的市場概念，鎖定啤酒或雞尾酒等庶民客層。

這個品牌不強調葡萄的品種或熟成，宣傳手法也採用輕快簡明的設計，營造「隨時隨地，想喝就喝」的簡樸概念。

行銷策略的奏效讓黃尾袋鼠在二〇〇一年進軍美國市場時，銷售數量就比預定高出一百萬箱（即一千兩百萬瓶）。

事實上，自此以後紐約的熟食店（delicatessen）到處都看得到黃尾袋鼠的蹤影。紐約的熟食店就像是日本的便利超商，是一種二十四小時營業的小型超市。但一般老舊陰暗，而且店裡看不到什麼當紅或流行商品。只不過這些熟食店卻遍布在曼哈頓大街小巷，可以說是紐約客日常生活中的一環。

當我頭一次在這些只賣啤酒的熟食店看到葡萄酒時，便對黃尾袋鼠產生深刻的印象。可想而知，該公司的市場目標就是鎖定一般客層。

之後，黃尾袋鼠的人氣迅速攀升，在二〇〇三年全球達成五百萬箱的傲人業績。二〇〇六年，該公司引進每小時製造三萬六千瓶的快速產線。截至二〇〇八年，其業績高達一千萬箱，目前已是鼎鼎大名的國際品牌，銷售量高達十億瓶。現在的紐約街頭到處都看得到袋鼠造型的葡萄酒。

日本葡萄酒的國際市場

目前葡萄酒界的搶手貨應該是中國的敖雲（Ao Yun，見圖8-7）。敖雲的歷史不長，第一個年分的葡萄酒產於二〇一三年，當年六瓶裝的木箱葡萄酒沒多久就出現在二〇一七年香港的拍賣會上。

在中國買家的競爭下，敖雲甚至超過預期，以二十六萬日圓（約新臺幣七萬四千元）的高價成交。當時拍賣行的同事都很難相信敖雲能賣出這麼高的金額，不過我卻對中國人拚命的搶標姿態瞠目結舌。這些過去專門蒐購法國葡萄酒的人，現今為了祖國不惜千金的姿態，充滿一種驕傲。

圖 8-7　廣受矚目的中國高級葡萄酒敖雲。

話說回來，敖雲是隸屬於LVMH集團的雲南葡萄酒。也是該集團於二〇〇九年推出的第一個中國品牌。

聽說LVMH集團的員工、業者以及專家跑遍整個大中國，花了四個年頭才找到一個適合釀造紅葡萄酒的土地——香格里拉，位於西藏自治區鄰近的喜瑪拉雅山腳。

（按：香格里拉一詞，最早出現在一九三三年英國小說家詹姆斯．希爾頓的小說，書中描寫香格里拉位於喜馬拉雅山脈西端一個神祕祥和的山谷。在這部小說出版後，香格里拉通常意指帶有東方神祕色彩，為祥和的理想國度。

近年，由於香格里拉概念的流行，中國境內一些地區爭相宣稱為香格里拉的真正所在，其中包括雲南麗江中甸、四川稻城亞丁以及西藏察隅、波密及林芝等。

其中雲南中甸「搶註」成功，中國國家民政部於二〇〇一年正式批准易名香格里拉市，從此中甸聲名大噪。）

LVMH集團看中這塊土地的風土條件，於是便在此開地墾荒，釀造葡萄酒。香格里拉的環境嚴苛，地勢高達兩千六百公尺。光是耕田，就得隨身攜帶氧氣筒。除此之外，從喜瑪拉雅山腳到香格里拉市的車程需要耗費四、五個小時，因此運送上也要花上一段時間。

LVMH的新事業雖然費事耗時，但美國的市場推廣極其順利。因此今後發展值得期待。

除此之外，同樣是亞洲，日本的葡萄酒也開始有顯著的進步。

過去日本葡萄酒總給外界一個「不道地」、「清淡如水」的印象，國外的評論家也沒有過一句好話。這是因為日本的葡萄酒為了配合日本料理，口味不免偏向清淡。所以，對於國外那些口味濃重的評論家而言，當然稍嫌不夠。

此外，有些廠商甚至使用國外進口的葡萄或濃縮果汁釀造葡萄酒，因此更難保證葡萄酒的品質。

我也曾喝過標榜「無添加」或「有機」等的便宜貨，不過，一喝就知道是人工調味的葡萄酒。讓我不禁懷疑這種打著「有機葡萄酒」，卻掛羊頭賣狗肉的做法意義何在。

然而，近年來日本的葡萄酒開始改頭換面。例如二〇一五年訂定維護葡萄酒品質與品牌的基準，同時，預計於二〇一八年十月實施。日本的葡萄酒法雖然落後國外許多，但總算趕上國際潮流。

日本的葡萄酒過去即使用的是國外的葡萄，標籤上也可以標示「國產葡萄酒」。自從葡萄酒法實施以後，只有使用日本一〇〇％種植的葡萄才能標示「日本葡萄酒」。此外，標籤上的產區須使用該地區八五％以上的葡萄。那些葡萄酒傳統大國走過的道路，日本總算開始邁進。

在日本的葡萄酒產區中，最值得期待的莫過於山梨縣了。當地的小酒廠大約有八十家，日本國內約三成的葡萄酒都來自此處。其中，尤以「甲州」最為知名，從明治時代起便是葡萄酒的釀造地。

甲州固有的品種「甲州葡萄」因為沒有特色、糖分不高而風評不佳。然而，最近因為種植技術與釀酒方法的改良，讓甲州終於展現特性，釀造出眾所皆知的葡萄酒。

其實不僅是甲州，日本只要懂得發揮的釀酒技術，一定能夠提升葡萄酒的品質，與國外知名的葡萄酒平起平坐。

然而，日本的葡萄酒在受到國際肯定以前，更需要全體國民的支持。如果日本人都不能支持自家釀造的葡萄酒，那麼就無法讓葡萄酒的文化開花結果。因此，我希望各位讀者在享用國外葡萄酒之餘，也能關照一下日本的葡萄酒。

紅酒素養八

葡萄酒與商業禮儀

1. 乾杯禮儀

喝葡萄酒時，可不可以碰酒杯，其實是依酒杯而定的。例如商業晚宴或正式宴席上的酒杯，一般說來比較輕薄，因此不適合相互碰觸，以免不小心打破。因為做工越細緻的酒杯越容易一碰就碎。

不過，有些國家認為乾杯時的聲響是好兆頭。因此，如果宴會主人舉杯示意的話，不妨客隨主便，照做即可。

2. 維持潔淨

拿酒杯時，記得握穩杯梗。材質高級的酒杯一般輕薄細緻。如果握住杯肚，漂亮的水晶杯容易沾上指紋或者弄髒。這些做法都不符合飲酒禮節。除此之外，五隻手指握住酒杯也會讓對方感到不舒服。喝葡萄酒時，務必記得保持姿態優雅。

用餐時，注意食物的殘渣不可沾到酒杯上。要注意的是，吃了油膩的菜餚後，記得先用紙巾擦嘴，再飲用葡萄酒。當不小心弄髒杯口時，立即用紙巾擦乾淨。女性應注意酒杯上的唇印。

3. 享受酒香

飲用葡萄酒時，記得先將酒杯搖晃個兩、三次，享受一下酒香。因為享受酒香、慢慢品嚐也是禮儀之一。葡萄酒不適合像喝啤酒一樣咕嚕咕嚕的一口喝光，以免暴殄天物，浪費了那麼好的葡萄酒。

4. 切忌倒滿

為客人斟酒時，應該由男主人服務。同時，注意紅葡萄酒不可倒滿。因為倒得太滿，客人就無法搖晃酒杯。如果酒杯大一點，那麼倒的量最好低於酒杯一半以下。大酒杯通常用在波爾多或布根地等高級葡萄酒，因此斟酒的量不宜過多，以便讓客人好好品嚐葡萄酒的美味。

至於白葡萄酒，雖然也與葡萄酒的品質或年分有關，但因為不需要常常轉動酒杯，讓葡萄酒與空氣接觸，所以斟酒的時候適量即可。另外，香檳或氣泡酒使用的笛型杯就沒有這些講究，即使量多一點也無所謂。

5. 適時斟酒

葡萄酒需要與空氣接觸，才能享受酒香與味道的變化。因此，不需要隨時添酒。特別是紅葡萄酒，更需要在與空氣接觸以後，才能展現不同風味，所以不需要一直添酒。即使是白葡萄酒，隨時添酒也會讓白葡萄酒原本冰鎮過後的溫度產生變化，而改變酒的風味。

話說回來，讓客人空著酒杯也是失禮的行為。最佳的方法是觀察客人的飲用速度，抓對時機適時添酒。

6. 酒量差的對策

如果自己受邀參加宴席又酒量不好的話，可以先跟主人打一聲招呼，讓他們斟酌倒酒。此外，酒杯裡的酒放著不喝也很失禮。當主人倒第二杯時，也可以打個手勢將手蓋在杯口上，委婉的拒絕。

7. 選酒技巧

聚會開始前要選酒，最好事先詢問與會者的愛好。除了紅、白葡萄酒以外，還需要一些具體的內容。

例如選擇白葡萄酒的人，偏好酸味或果香味。挑選紅葡萄酒的話，要留意口味的濃郁清淡、單寧的輕重、舊世界或新世界、年分的遠近等。然後，配合當天的菜色選擇合適的葡萄酒。

不過，年分久遠的葡萄酒風險較大，若非有十足的把握，還是選擇年分新的葡萄酒比較保險。因為葡萄酒年分越久，越難預測葡萄酒是怎麼熟成的。而且，保存狀態與來歷也會對葡萄酒有極大的影響。此外，醒酒瓶（decanter）或飲用的時間點，也會影響葡萄酒的風味。

詢問過大家的意見後，可以配合預算選出兩、三款葡萄酒，然後與侍酒師商量，請他推薦介紹。不過，為了累積經驗與知識，應該避免交由侍酒師包辦，各位不妨自己選擇看看。我想費盡辛苦選出來的葡萄酒，一定讓人難忘。

8. 試飲重點

在試飲選好葡萄酒時，記得不是品嚐葡萄酒好不好喝，而是確認葡萄酒的狀況。

年分較新的葡萄酒不需要慢慢品嚐，重點在於判斷葡萄酒的顏色與酒香，年輕的葡萄酒呈現一種明亮的啤酒色或大紅的透明感。如果葡萄酒品質有問題的話，會有混濁的現象。而且不管香味是不是自己喜歡的，選品質好的酒，絕對不會讓人不舒服。

年分久一點的葡萄酒需要確認是否氧化。因為劣化或氧化的葡萄酒，不管是酒香或味道，一喝就都讓人覺得不舒服。不知如何判斷的話，可以請侍酒師幫忙，聽從他們的建議。

結尾 葡萄酒不只用來喝，更能拓展人脈

每個月我都會為律師舉辦一、兩場葡萄酒講座。其主題各自不同，從葡萄酒的基本知識到投資與拍賣會的祕辛等，藉由這些內容提供精英拓展業務與人脈的社交題材。

例如我在招待美國或韓國客人時，曾舉辦一場盲品大會。當天的宴會相當成功。這個小遊戲讓與會貴賓打破國籍的藩籬，加深彼此情感，同時再次體會葡萄酒的力量。

此外，我也與一些同好定期舉辦「葡萄酒之友會」。這個聚會不分職業、年齡、性別與國籍，目的在於透過葡萄酒廣結善緣，拓展業務或人脈。葡萄酒的共同嗜好讓會員間的人際關係更寬廣、豐富，同時讓我們感受到葡萄酒不同於其他酒類的魅力。

曾有客戶說：「多虧葡萄酒，才讓我們夫妻度過婚姻危機。」因為我曾經跟他講解過葡萄酒與醴鐸（Riedel，世界殿堂級葡萄酒杯品牌）酒杯。他對於這個話題極感興趣，因此買了不少酒杯試了又試。

為了這些酒杯，他開始嘗試各種高級葡萄酒。而他太太為了這些高級葡萄酒，更是

每天晚上更換菜色、展現廚藝。這對夫妻現在每天都過得很浪漫，一邊欣賞夜景，一邊享受太太精心烹調的家庭晚餐。他高興得跟我說：「我恨不得現在馬上回家呢。」

我與葡萄酒接觸了這些年，時常感受到葡萄酒有不可思議的魔力。不只生意，連私底下只要一同喝個葡萄酒，就能夠在閒聊中奇妙的產生連結，加深彼此的情誼。

本書的內容除了葡萄酒的基本知識以外，更希望從各種角度幫助讀者了解葡萄酒的各種樣貌。我相信透過本書，即使從未接觸過葡萄酒的讀者，也能夠對葡萄酒有進一步的認識，並且感受葡萄酒的樂趣。

如果本書能讓葡萄酒的初級者在讀過以後，對葡萄酒產生興趣，同時加強中級者對於葡萄酒的認知，我會感到無比的榮幸。

最重要的是，期盼各位讀者都能透過葡萄酒拓展人脈，廣結善緣。

最後，謹藉此感謝負責本書編輯的畑下裕貴先生。承蒙他的寶貴意見，本書才得以問世。也感謝竹村股份有限公司的松誠董事長提供書中所有圖像。此外，對於紐約J先生的不吝指教，與開拓葡萄酒商機的AOS技術公司佐佐木隆仁董事長，均致上最深的謝忱。

國家圖書館出版品預行編目（CIP）資料

商業人士必備的紅酒素養：新手入門、品賞、佐餐，商業收藏、投資，請客送禮……從酒標到酒杯，懂這些就夠／渡辺順子著；黃雅慧譯 . -- 初版 . -- 臺北市：大是文化，2019.10
240 面；17x23 公分 . --（Biz ; 308）
譯自：世界のビジネスエリートが身につける 教養としてのワイン
ISBN 978-957-9654-39-5（平裝）

1. 葡萄酒

463.814　　108014433

Biz 308

商業人士必備的紅酒素養

新手入門、品賞、佐餐，商業收藏、投資，請客送禮……從酒標到酒杯，懂這些就夠

作　　者／渡辺順子
譯　　者／黃雅慧
責任編輯／陳竑悳
校對編輯／張慈婷
美術編輯／張皓婷
副總編輯／顏惠君
總 編 輯／吳依瑋
發 行 人／徐仲秋
會　　計／許鳳雪、陳嬅娟
版權經理／郝麗珍
行銷企劃／徐千晴、周以婷
業務助理／王德渝
業務專員／馬絮盈、留婉茹
業務經理／林裕安
總 經 理／陳絜吾

出 版 者／大是文化有限公司
臺北市衡陽路 7 號 8 樓
編輯部電話：（02）23757911
購書相關資訊請洽：（02）23757911 分機 122
24 小時讀者服務傳真：（02）23756999
讀者服務 E-mail: haom@ms28.hinet.net
郵政劃撥帳號 19983366 戶名／大是文化有限公司

法律顧問／永然聯合法律事務所
香港發行／豐達出版發行有限公司 Rich Publishing & Distribution Ltd
地址：香港柴灣永泰道 70 號柴灣工業城第 2 期 1805 室
Unit 1805, Ph.2, Chai Wan Ind City, 70 Wing Tai Rd, Chai Wan, Hong Kong
Tel: 2172-6513　Fax: 2172-4355
E-mail：cary@subseasy.com.hk

封面設計／林雯瑛
內頁排版／邱介惠
印　　刷／緯峰印刷股份有限公司
內文照片協力／タカムラ ワイン ハウス（圖 1-8、圖 2-5、圖 2-7、圖 2-8、圖 2-9、圖 3-5、圖 3-6、圖 3-7、圖 3-8、圖 4-2、圖 4-6、圖 4-7、圖 4-8、圖 5-1、圖 8-1、圖 8-2、圖 8-3、圖 8-4、圖 8-5）、Zachys（圖 1-3、圖 1-4、圖 1-5、圖 1-6、圖 1-7、圖 1-9、圖 1-10、圖 1-11、圖 2-3、圖 2-4、圖 2-6、圖 2-10、圖 3-2、圖 3-4、圖 4-1、圖 4-4、圖 4-5、圖 5-3、圖 6-1、圖 6-2、圖 6-3）
出版日期／2019 年10月初版
定　　價／新臺幣 360 元
ISBN　978-957-9654-39-5